Springer-Lehrbuch

Jürgen Zierep

Grundzüge der Strömungslehre

Fünfte, überarbeitete Auflage
mit 173 Abbildungen

Springer-Verlag
Berlin Heidelberg NewYork
London Paris Tokyo
HongKong Barcelona Budapest

Prof. Dr.-Ing. Dr. techn. E.h. Jürgen Zierep
Institut für Strömungslehre und Strömungsmaschinen
Universität Karlsruhe
Kaiserstraße 12
W - 7500 Karlsruhe

Die 4. Auflage ist 1990 beim Verlag G. Braun erschienen.

ISBN 3-540-56385-7 5. Aufl. Springer-Verlag Berlin Heidelberg NewYork

Satz: Reproduktionsfertige Vorlage vom Autor
Druck: Druckhaus Langenscheidt KG, Berlin; Bindearbeiten: Lüderitz & Bauer, Berlin
60/3020 5 4 3 2 1 0 - Gedruckt auf säurefreiem Papier

Vorwort zur 5. Auflage

"Bücher haben ihre Schicksale". Die 4. Auflage der "Grundzüge der Strömungslehre" näherte sich ihrem Ende, da übernahm der Springer-Verlag meine Lehrbücher. Eine Neuauflage wurde erforderlich.

Das vorliegende Buch ist an mehreren Universitäten der Bundesrepublik Deutschland als begleitendes Textbuch zu Vorlesungen eingeführt und hat bei Lehrenden und Lernenden ein überaus positives Echo gefunden. Erneut wurden fachliche Ergänzungen vorgenommen und Druckfehler berichtigt. Ich habe mich bemüht, alles auf den neuesten Stand zu bringen. Das vorliegende Taschenbuch ist ein knapp gehaltenes Textbuch, das von Studierenden und Lehrenden neben einer einführenden Vorlesung benutzt werden kann. Es setzt sich in charakteristischer Weise von dem Werk über "Strömungsmechanik" von Herrn Bühler und mir im gleichen Verlag ab. Letzteres wendet sich neben dem Lernenden und Lehrenden vor allem an den in der Praxis tätigen Ingenieur. Ein Blick in das Inhaltsverzeichnis mit den vielen Beispielen aus Natur und Technik und die umfangreiche bearbeitete Literatur bestätigen das. Beide Bücher sind erfolgreich eingeführt und haben sich ihren Leserkreis erworben.

Ich danke Herrn Dr.-Ing. van Raay für Verbesserungsvorschläge und Frau Rink für die bewährte Anfertigung der druckfertigen Vorlage.

Dem Springer-Verlag danke ich für die Übernahme dieses Werkes und für die hocherfreuliche Zusammenarbeit und die vorbildliche Drucklegung.

Karlsruhe, Oktober 1992 Jürgen Zierep

Aus dem Vorwort der 1. Auflage

Das vorliegende Buch "Grundzüge der Strömungslehre" ist aus einführenden Vorlesungen hervorgegangen, die ich seit etwa 20 Jahren an der Universität Karlsruhe (TH) halte. Es stellte sich mir hier die interessante Aufgabe, in einer vierstündigen einsemestrigen Vorlesung Studenten nach dem Vorexamen die Strömungslehre nahezubringen. Das Spektrum der Hörer war breit gestreut. Es reichte von Maschinenbauern und Chemieingenieuren bis zu Physikern, Meteorologen und Mathematikern. Diese Tatsache sowie die zur Verfügung stehende Zeit bestimmten Inhalt und Umfang des vorgetragenen Stoffes. Es ging also nicht darum, alles darzustellen (das kann man in Spezialvorlesungen tun), sondern eine möglichst interessante, für die Studenten leicht faßliche und anwendbare Darstellung zu wählen.

Einige Worte zum Aufbau. Im Unterschied zu den meisten Darstellungen der Strömungslehre wird der Impulssatz erst spät behandelt. Das hat gute Gründe. Trotz seiner einfachen Formulierung ist und bleibt er der schwerste Satz der Strömungslehre. Die Schwierigkeit liegt in der zweckmäßigen Wahl des Kontrollraumes und der benutzten Strömungsdaten auf dem Rand. Hier gehen viele Kenntnisse ein, die man vorher bei der Beschäftigung mit Beispielen der Strömungslehre sammeln muß. Diese Erfahrung haben wir immer wieder gemacht.

Ich habe mich um einen systematischen Aufbau bemüht. Dabei wird mit dem Einfachsten begonnen und bis zu den Fragen vorgedrungen, die in den zahlreichen Anwendungen auftreten und heute von großem Interesse sind. Es ist dabei z.B. wichtig, daß man von Anfang an weiß, welche und wieviele Gleichungen für die Strömungsgrößen zur Verfügung stehen. Bei einigen behandelten Fragen wird man eine gewisse Liebe zum Detail spüren. Dies scheint mir dort gerechtfertigt, wo die Studenten aus anderen Vorlesungen wenig Information mitbringen. Andrerseits ist es notwendig, daß der Anfänger die wichtigsten Hilfsmittel gründlich und ausführlich vorgeführt bekommt. Daß sich dabei Kompromisse ergeben, ist jedem Vortragenden klar.

Parallel zu den Vorlesungen werden zweistündige Übungen veranstaltet. Ohne dieses eigene Engagement der Hörer kann man den Stoff nicht bewältigen. Einige der Aufgaben sind im Text berücksichtigt. Hier wie auch beim Vorlesungsgegenstand wird der Leser zu Papier und Bleistift greifen müssen, um den Inhalt aufzunehmen, zu verarbeiten und anschließend anwenden zu können. Diese Mühe lohnt sich!
Ich wäre mit dem Erfolg meiner langjährigen Tätigkeit zufrieden, wenn der Leser dies bestätigen könnte.

Jürgen Zierep

Inhaltsverzeichnis Seite

Einleitung, Überblick und Grundlagen

In der Strömungslehre werden die Bewegungsvorgänge in Flüssigkeiten und Gasen (sogenannten Fluiden) behandelt. Anstelle der Bezeichnung Strömungslehre trifft man häufig auch die Begriffe Strömungsmechanik, Fluiddynamik, Aerodynamik u.a.

Die Strömungslehre spielt in Naturwissenschaft und Technik eine große Rolle. Die Anwendungen lassen sich, grob gesprochen, in zwei verschiedene Gruppen einteilen.

1. Umströmung von Körpern, z.B. Kraftfahrzeugen, Flugzeugen, Gebäuden. Hier interessiert das Stromfeld im Außenraum, d.h. Geschwindigkeit, Druck, Dichte und Temperatur in Körpernähe und -ferne. Daraus resultiert z.B. die Kraftwirkung auf den umströmten Körper.

2. Durchströmen von Leitungen, Kanälen, Maschinen und ganzen Anlagen. Jetzt interessiert die Strömung im Innenraum, z.B. von Krümmern, Diffusoren und Düsen. Von Wichtigkeit sind hier Reibungseinflüsse, die sich durch Druckverluste bemerkbar machen.

Bei aktuellen technischen Problemen können die beiden soeben behandelten Teilaufgaben natürlich auch kombiniert auftreten. Zahlreiche Anwendungen trifft man in den Gebieten Strömungsmaschinenbau, Chemieingenieurtechnik, Flugzeugbau, Kraftfahrzeugbau, Gebäudeaerodynamik, Meteorologie, Geophysik etc.

Die quantitative Beschreibung einer Strömung erfolgt in jedem Punkt (x,y,z) des betrachteten Feldes zu jeder Zeit (t) durch die Größen:

$$\text{Geschwindigkeit } \vec{w} = (u,v,w)\,, \text{ Druck } p\,, \text{ Dichte } \rho\,, \text{ Temperatur } T.$$

Wir nehmen die Existenz dieser Zustandsgrößen als Funktionen von $(x,y,z;\,t)$ an. Wir bewegen uns damit im Bereich der Kontinuumsmechanik. Insgesamt handelt es sich also um 6 abhängige und 4 unabhängige Variablen. Zur Bestimmung der ersteren sind 6 Gleichungen, die physikalischen Grundgesetze der Strömungslehre, erforderlich. Sie werden in Form von Erhaltungssätzen formuliert und sind in der folgenden Tabelle skizziert.

	Physikalische Aussage	Zahl der Gleichungen	Art der Gleichungen
Erhaltungssätze	Kontinuität (Massenerhaltung)	1	skalar
	Kräftegleichgewicht (Impulssatz)	3	vektoriell
	Energiesatz (z.B. 1. Hauptsatz, Fouriersche Wärmeleitungsgleichung etc.)	1	skalar
Fluid	Zustandsgleichung (thermodynamische Verknüpfung von p, ρ, T)	1	skalar

Gegenüber der Massenpunktmechanik, die mit 3 Gleichungen für 3 Geschwindigkeitskomponenten auskommt, sind hier also 6 Gleichungen erforderlich. Zu diesen Differential- oder Integralbeziehungen treten Anfangsbedingungen (t) und/oder Randbedingungen (x,y,z) hinzu, um aus der Mannigfaltigkeit der möglichen Lösungen die, gegebenenfalls eindeutig bestimmte, Lösung des gestellten Problems zu ermitteln. Für die oben angeführten Um- und Durchströmungsaufgaben kann man diese Bedingungen leicht diskutieren. Eine allgemeine Lösung der Grundgleichungen der Strömungslehre stößt auf größte Schwierigkeiten, da die zugehörigen Differentialgleichungen nichtlinear sind. Häufig beschränkt man sich daher auf sogenannte Ähnlichkeitsaussagen, mit denen es möglich ist, die Strömungsdaten von einem Stromfeld auf ein anderes zu übertragen. Dies führt zu den wichtigen Modellgesetzen, die es z.B. gestatten, Windkanalversuche auf die Großausführung umzurechnen.

Im Rahmen dieser Darstellung werden wir mit dem Einfachsten (Hydrostatik) beginnen. Durch Zunahme der Zahl der unabhängigen und der abhängigen Veränderlichen werden wir bis zu den Fragestellungen vorstoßen, die in den Anwendungen von Interesse sind. Das folgende Schema erläutert von links nach rechts unsere Vorgehensweise.

	Hydrostatik	Aerostatik	Hydrodynamik	Aerodynamik
p	////	////	////	////
ρ		////		////
$\vec{w} = (u, v, w)$			////	////
Beispiele	ruhende Flüssigkeit im Gefäß	ruhende Atmosphäre	bewegte Flüssigkeit	bewegtes Gas

Die Temperatur T kann hier fortgelassen werden, da sie durch die Zustandsgleichung aus p und ρ zu ermitteln ist.

Die historische Entwicklung der Strömungslehre zeigt bis etwa 1900 zwei unterschiedliche Arbeitsrichtungen.

1. Theoretische, vorwiegend mathematische Strömungslehre.
Sie ist mit den Namen Newton, Euler, Bernoulli, D'Alembert, Kirchhoff, Helmholtz, Rayleigh verknüpft. Hierbei handelte es sich vornehmlich um die theoretische Behandlung reibungsfreier Strömungen (sogenannter Potentialströmungen). Damit war es z.B. nicht möglich, Verluste in Strömungen bei Umströmungs- und Durchströmungsproblemen quantitativ richtig zu ermitteln.

2. Technische Strömungslehre oder Hydraulik.
Maßgebende Forscher waren Hagen, Poiseuille, Reynolds. Hier ging es um Probleme der Messung und deren Darstellung bei reibungsbehafteten Strömungen, z.B. die Gesetze für Rohrströmungen.

Beide Richtungen wurden 1904 durch die Grenzschichttheorie von Prandtl zusammengeführt. Danach ist die Ursache für den Reibungswiderstand eines Körpers in der sogenannten Grenzschicht zu suchen. Diese ist eine relativ dünne, wandnahe Schicht, in der der Geschwindigkeitsanstieg von Null an der Wand auf den Wert der Außenströmung erfolgt. Hierbei ist die Haftbedingung an der Körperoberfläche wesentlich. Wird der Körper bewegt, so macht das strömende Medium an der Oberfläche diese Bewegung mit. Es haftet dort! In Bild 1.1 ist der besonders einfache

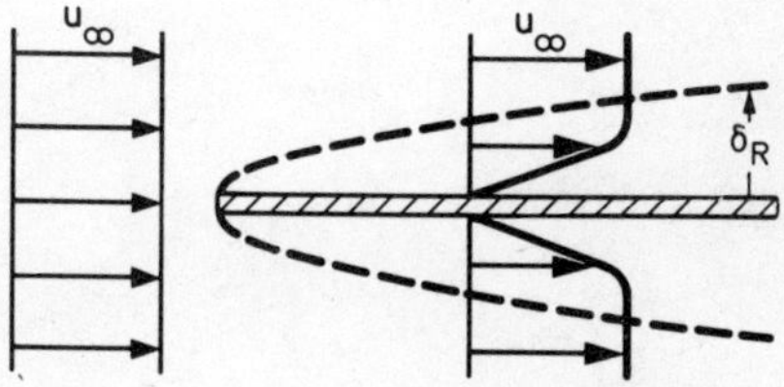

Bild 1.1 Strömungsgrenzschicht an der längsangeströmten ebenen Platte

---

J.B.J. Fourier, 1768-1830
I. Newton, 1643-1727
L. Euler, 1707-1783
D. Bernoulli, 1700-1782
J. D'Alembert, 1717-1783
G. Kirchhoff, 1824-1887
H. v. Helmholtz, 1821-1894
J.W. Rayleigh, 1842-1919
G. Hagen, 1797-1884
J.L. Poiseuille, 1799-1869
O. Reynolds, 1842-1912
L. Prandtl, 1875-1953

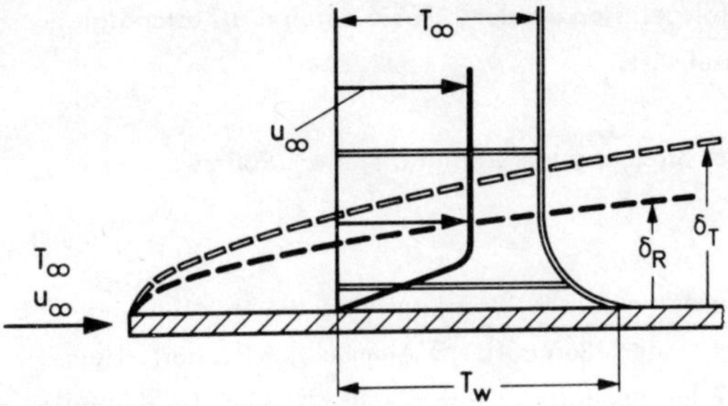

Bild 1.2 Strömungs- und Temperaturgrenzschicht an der ebenen Platte

Fall der längsangeströmten Platte - der Prototyp einer Grenzschicht - dargestellt. Dieses Prandtlsche Grenzschichtkonzept hat sich als sehr fruchtbar erwiesen. Es führt zu wesentlichen Vereinfachungen in den nichtlinearen Differentialgleichungen, so daß eine Lösung möglich ist.

Spielt neben den Reibungsverlusten auch der Wärmeübergang eine Rolle, so tritt außer der Strömungsgrenzschicht eine Temperaturgrenzschicht auf (Bild 1.2). Beide haben ihre Ursache in völlig analogen physikalischen Vorgängen: Reibung und Wärmeleitung.

1. Eigenschaften von Fluiden

1.1 Molekularer Aufbau - Mikrostruktur

Für das Verständnis der später zu behandelnden Strömungsvorgänge in Fluiden ist es wichtig, die Grundtatsachen ihres molekularen Aufbaus zusammenzustellen. Wir sprechen dabei von der Mikrostruktur.
Die Materie ist aus elementaren Bestandteilen (Molekülen bzw. Atomen) aufgebaut, deren Durchmesser die folgende Größenordnung besitzt: $d \sim 10^{-10}$ m. Beim Aufbau aus diesen Elementen sind nun zwei Tatsachen von wesentlichem Einfluß.

1. Sind die einzelnen Teilchen relativ weit voneinander entfernt, d.h., ist die Dichte genügend klein, so sind sie voneinander unbeeinflußt und führen eine regellose statistische Bewegung infolge ihrer thermischen Energie aus (Brownsche Molekularbewegung bei Gasen). Für Luft gilt unter Normalbedingungen, d.h. Atmosphärendruck und 20°C, für diese Bewegung: mittlere freie Weglänge $\ell \sim 10^{-7}$ m, mittlere Molekülgeschwindigkeit $\overline{c} \sim 500$ m/s.

Ergänzung: Die Thermodynamik liefert die Abhängigkeit der Molekülgeschwindigkeit von der Temperatur. Die innere Energie des Moleküls ist pro Freiheitsgrad $= 1/2\ kT$ mit k = Boltzmann-Konstante. Mit $f = 3$ als Zahl der Freiheitsgrade lautet der Energiesatz für das Molekül der Masse m:

$$\text{innere Energie} = \frac{3}{2} kT = \frac{1}{2} m\overline{c^2} = \text{mittlere kinetische Energie der Translation.}$$

Also $\overline{c^2} = \dfrac{3k}{m} T$, oder größenordnungsmäßig $\sqrt{\overline{c^2}} \sim \overline{c} \sim \sqrt{T}$.

Dies ist eine charakteristische Abhängigkeit von der Temperatur, die später bei vielen typischen Geschwindigkeiten (Schallgeschwindigkeit, maximale Geschwindigkeit) wiederholt auftritt.

2. Sind die Teilchen relativ nah beieinander, d.h., ist die Dichte genügend groß, so beeinflussen sie sich gegenseitig. Es wirken intermolekulare sogenannte Van-der-Waals-Kräfte. Ihre Erstreckung reicht etwa über eine Distanz von $10\ d \sim 10^{-9}$ m. Diese Anziehungskräfte, die ihrer Natur nach Gravitationskräfte sind, können die

---

R. Brown, 1773-1858, Botaniker

L. Boltzmann, 1844-1906

J.D. van der Waals, 1837-1923

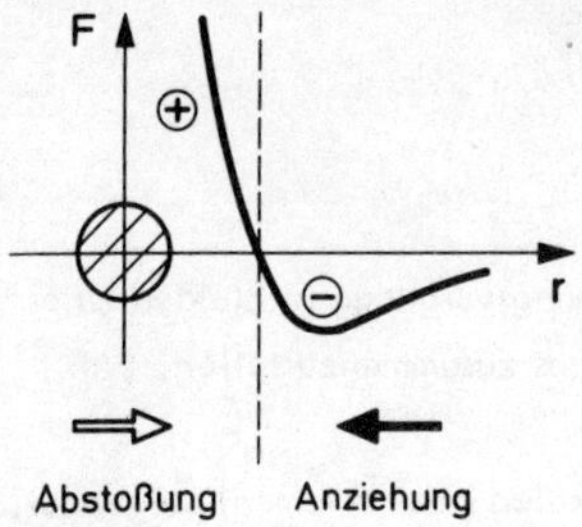

Bild 1.3 Intermolekulare Kraft, die ein im Nullpunkt liegendes Teilchen auf ein anderes ausübt

Teilchen gegenseitig fixieren, z.B. in einem regelmäßigen Kristallgitter. In Bild 1.3 ist die Kraft, die ein im Nullpunkt liegendes Teilchen auf ein anderes im Abstand r befindliches ausübt, qualitativ dargestellt. Nähern sich die Teilchen außerordentlich, so tritt anstelle von Anziehung Abstoßung auf. Hierbei spielt die innere Struktur der Teilchen eine wesentliche Rolle. Für unsere Betrachtungen ist dies jedoch nicht wichtig.

Das Zusammenspiel der zwei Tatsachen 1. und 2. führt zu den drei Aggregatzuständen. Das nachfolgende Schema erläutert dies in grober, aber für uns ausreichender Weise. Die Dichte nimmt dabei von links nach rechts zu.

Gas	Flüssigkeit	Fester Körper
1. überwiegt 2. Regellose Bewegung.	1. und 2. gleich. Zufallsbewegung, die nicht unbeeinflußt von den Nachbarn erfolgt.	2. überwiegt 1. Intermolekulare Kräfte binden Teilchen an feste Stellen, z.B. im Kristallgitter.

1.2 Widerstand gegen Formänderungen (Elastizität, Viskosität)

Es besteht ein grundsätzlicher Unterschied zwischen festen, elastischen Körpern einerseits und Fluiden andererseits. Wir erläutern dies am Fall der Beanspruchung auf Scherung (Schub).

1. Ein fester, elastischer Körper wird beansprucht durch eine Scherkraft $\vec{F}$. In Bild 1.4 ist dieser Fall skizziert. Der Winkel γ ist ein Maß für die Deformation

Bild 1.4 Scherbeanspruchung eines festen, elastischen Körpers sowie rheologisches Modell

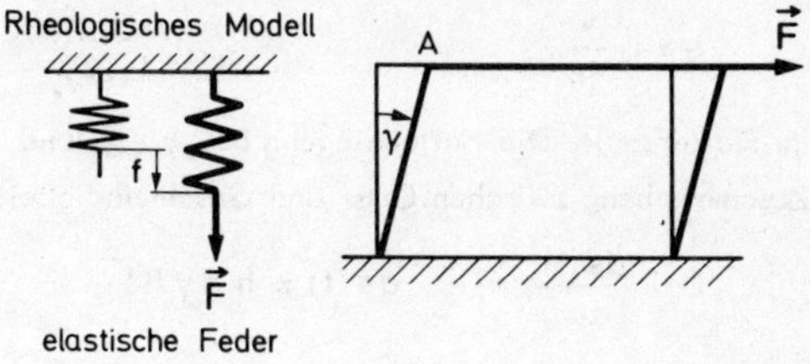

und A die Fläche, an der die Kraft $\vec{F}$ angreift. Bei geringer Deformation gilt das Hookesche Gesetz, nach dem die Schubspannung der Deformation proportional ist:

$$\frac{|\vec{F}|}{A} = \tau = G \cdot \gamma, \qquad G = \text{ Gleit- oder Schubmodul.} \qquad (1.1)$$

Bild 1.4 zeigt auch das zugehörige rheologische Modell. Es handelt sich um die elastische Feder, die durch die Kraft $\vec{F}$ beansprucht wird. Solche Modelle sind zum Verständnis dieser Vorgänge von großem Nutzen und werden uns oft begegnen.

2. Bei Fluiden muß das Medium geführt werden. Bild 1.5 erläutert den besonders einfachen Fall der Scher- oder Couette-Strömung zwischen zwei ebenen Platten. Die obere Platte werde mit der konstanten Geschwindigkeit U bewegt, die untere ruht. Wir verfolgen den Strömungsvorgang sowohl im Ortsplan (x,y) als auch im Geschwindigkeitsplan (u,y). Das Experiment liefert eine lineare Geschwindigkeitsverteilung

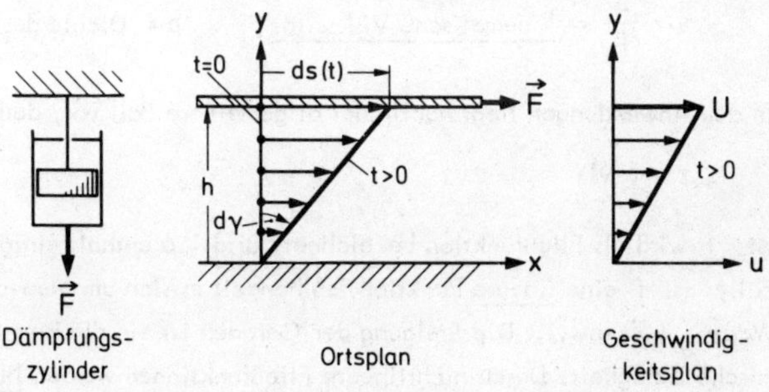

Bild 1.5 Couette-Strömung. Orts- und Geschwindigkeitsplan sowie rheologisches Modell für das Newtonsche Medium

---

R. Hooke, 1635-1703

M. Couette, 1858-1943

$$u = U \frac{y}{h} \tag{1.2}$$

im Plattenspalt. Die Haftbedingung bei $y = 0$ und $y = h$ ist offenbar erfüllt. Der Zusammenhang zwischen Orts- und Geschwindigkeitsplan führt zu den Gleichungen

$$U = \frac{ds(t)}{dt} \quad , \qquad ds(t) = h\, d\gamma(t) \ ,$$

d.h.

$$U = h\,\dot{\gamma}(t) \ . \tag{1.3}$$

Definieren wir ein Newtonsches Fluid durch

$$\tau = \mu \frac{du}{dy} \ , \tag{1.4}$$

so ergeben (1.2) und (1.3):

$$\tau = \mu \frac{du}{dy} = \mu \frac{U}{h} = \mu\,\dot{\gamma}(t). \tag{1.5}$$

Bei Newtonschen Fluiden ist damit die Schubspannung der Deformationsgeschwindigkeit proportional. Dies ist ein grundlegender Unterschied zum elastischen Körper. Das rheologische Modell ist hier ein Dämpfungszylinder (Bild 1.5). Im Spalt zwischen dem ruhenden Kolben und dem bewegten Zylinder bildet sich die oben besprochene Scherströmung aus.
Der Proportionalitätsfaktor μ in (1.4) und (1.5) heißt dynamische Viskosität.

$$\nu = \frac{\mu}{\rho} = \text{kinematische Viskosität} \ , \qquad \rho = \text{Dichte des Mediums.} \tag{1.6}$$

In den Anwendungen liegt häufig der allgemeinere Fall vor, daß

$$\tau = f(\dot{\gamma}) \tag{1.7}$$

ist. f wird als Fließfunktion bezeichnet. Bild 1.6 enthält einige charakteristische Fälle. Ist f eine lineare Funktion, so handelt es sich um Newtonsche Fluide (Öl, Wasser, Luft usw.). Die Steigung der Geraden ist ein direktes Maß für die dynamische Zähigkeit. Durch nichtlineare Fließfunktionen werden Nicht-Newtonsche Fluide beschrieben. Beispiele sind Suspensionen, Polymere, Ölfarben usw. Ein interessanter Sonderfall ist das Bingham-Medium. Es verhält sich für $\tau < \tau_f$ wie ein fester, elastischer Körper, dagegen für $\tau > \tau_f$ wie ein Newtonsches Fluid.

E.C. Bingham, 1878–1945

Bild 1.6 Verschiedene Fließfunktionen. Newtonsche, Nicht-Newtonsche Fluide, Bingham-Medium

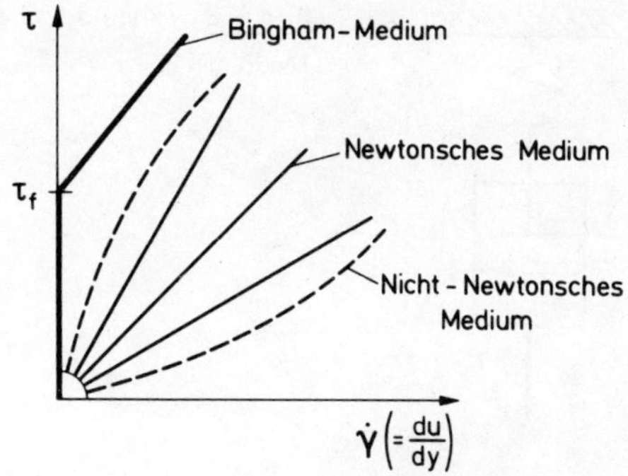

τ_f heißt die Fließspannung. Es ist dies ein Modell für das Zähigkeitsverhalten von Breien und Pasten. Das rheologische Modell (Bild 1.7) enthält einen Dämpfungszylinder und parallel hierzu einen Klotz auf rauher Unterlage; vorgeschaltet ist eine elastische Feder, deren Auslenkung begrenzt ist. Der Klotz besitzt Haft- sowie Gleitreibung. Letztere wird bei dem betrachteten Modell vernachlässigt. Eine interessante Kombination ergibt sich, wenn ein elastischer Körper viskoses Verhalten zeigt. Man spricht dann von einem viskoelastischen Medium. Bei kurzzeitiger Belastung verhält sich dieses Medium wie ein elastischer Körper, bei längerer Belastung dagegen wie ein Newtonsches Fluid. Der "hüpfende Kitt" ist ein Beispiel. Es handelt sich um ein knetbares, kautschukähnliches Medium. Eine Kugel wird elastisch an der festen Wand reflektiert. Sie zerfließt unter ihrem Eigengewicht beim längeren Liegen. Das rheologische Modell ist eine elastische Feder und ein Dämpfungszylinder in Reihe geschaltet (Bild 1.8).

Zur quantitativen Angabe der eingeführten physikalischen Größen sind Dimensionen und Maßeinheiten erforderlich. Wir verwenden vorrangig das internationale System (SI), geben vergleichsweise aber die Daten auch im alten technischen System an, da viele Meßskalen noch nicht umgestellt sind.
Die dynamische Zähigkeit μ wird gemessen in

$$\frac{Ns}{m^2} = Pa\ s\ .$$

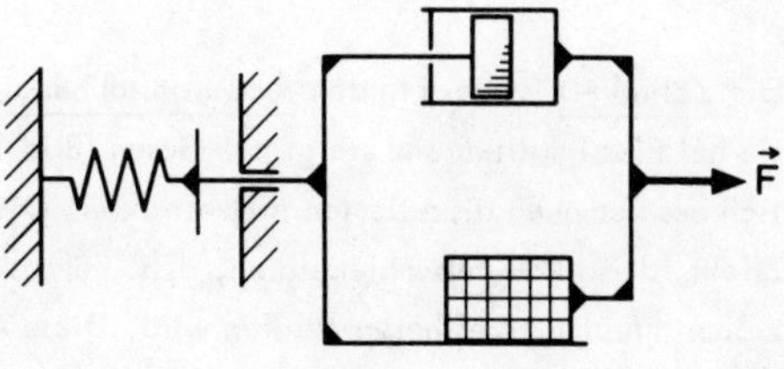

Bild 1.7 Rheologisches Modell des Bingham-Mediums

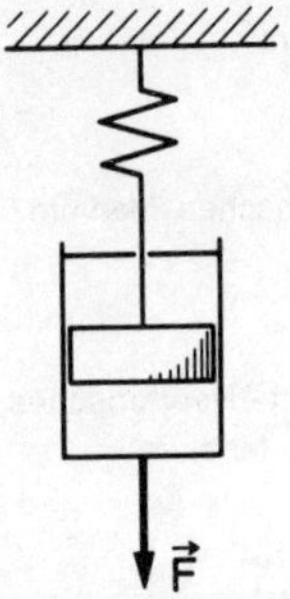

Bild 1.8 Rheologisches Modell für das viskoelastische Medium

Die kinematische Zähigkeit $\nu = \mu/\rho$ wird gemessen in m^2/s.

Die folgende Tabelle enthält typische Zahlenwerte bei Normalbedingungen.

	$\mu \cdot 10^6$ $N\,m^{-2}\,s = Pa\,s$	$\nu \cdot 10^6$ $m^2\,s^{-1}$
Luft	18,2	15,11
Wasser	1.002,0	1,004
Silikonöl Bayer M 100	130.950,0	135,0

Man erkennt hieran sofort, daß μ für die durch die Viskosität übertragene Kraft charakteristisch ist und nicht etwa $\nu = \mu/\rho$. (1.4) liefert für μ die Aussage

$$\mu = \frac{\tau}{\frac{du}{dy}} ,$$

d.h., μ ist ein Maß für die Kraft pro Flächeneinheit $(= \tau)$, die erforderlich ist, um den Geschwindigkeitsgradienten $(= du/dy)$ zu erzeugen. Die kinematische Viskosität entsteht nach Division durch die Dichte, wobei die Größenordnung wesentlich geändert werden kann.

Die Zähigkeit ist bei Fluiden temperaturabhängig; mit wachsender Temperatur sinkt sie bei Flüssigkeiten und steigt bei Gasen (Bild 1.9). Diese Tatsache wird verständlich aus der oben diskutierten Mikrostruktur. Die Zähigkeit ist ein makroskopischer Effekt, der durch den molekularen, d.h. mikroskopischen, Impulsaustausch der einzelnen Fluidpartikel hervorgerufen wird. Diese Auffassung führt im nächsten Ab-

Bild 1.9 Abhängigkeit der Zähigkeit von der Temperatur bei Flüssigkeiten und Gasen

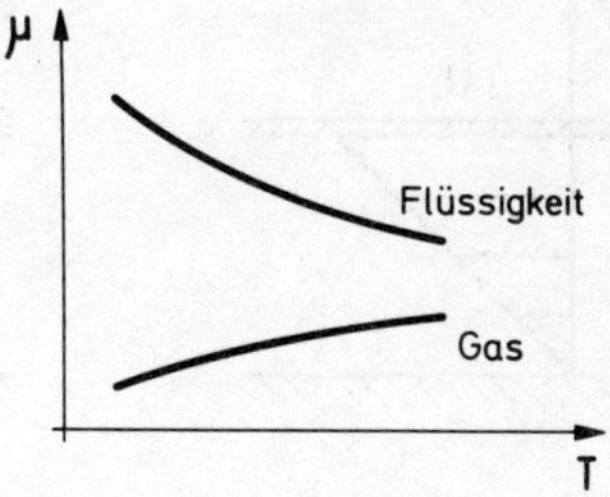

schnitt zu der gaskinetischen Erklärung der inneren Reibung. Bei Gasen steigt mit wachsender Temperatur die Molekülgeschwindigkeit und damit der beim Stoß übertragene Impuls, was zu einer Zunahme der Zähigkeit bei diesem Modell führt. Bei Flüssigkeiten spielen die intermolekularen Kräfte eine entscheidende Rolle. Steigende Temperatur lockert hier die gegenseitige Bindung, die Teilchen werden leichter verschiebbar, die Zähigkeit sinkt. Einen interessanten Sonderfall bildet die Schwefelschmelze (Bild 1.10). In einem gewissen Temperaturbereich verhält sich dieser Stoff wie eine Flüssigkeit, bei Steigerung der Temperatur wie ein Gas und bei weiterer Steigerung der Temperatur wieder wie eine Flüssigkeit. Dies hängt offenbar mit der Umwandlung des kristallinen Gefüges dieses Stoffes zusammen. Interessant ist die Analogie zwischen innerer Reibung und Wärmeleitung. Es handelt sich um molekulare Transportvorgänge, die ähnlich verlaufen. Wir können der oben behandelten Couette-Strömung ein sehr einfaches Wärmeleitproblem zur Seite stellen (Bild 1.11). Der Wärmestrom $\dot{Q}$, als übertragene Wärmemenge pro Zeit, kann mit dem Fourier-Ansatz wie folgt dargestellt werden:

$$\dot{Q} = -\lambda A \frac{dT}{dy} \quad . \tag{1.8}$$

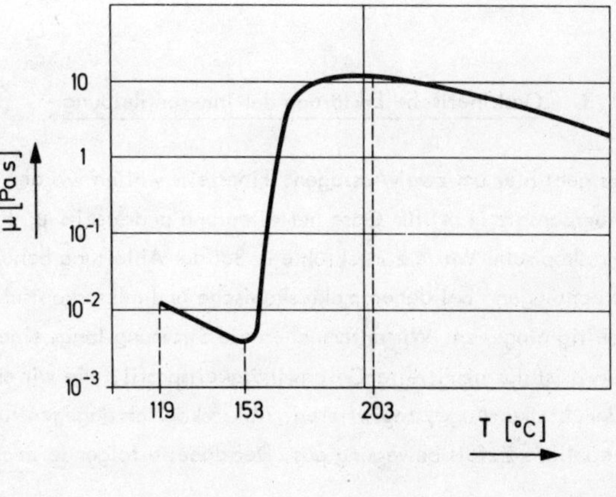

Bild 1.10 Dynamische Viskosität der Schwefelschmelze

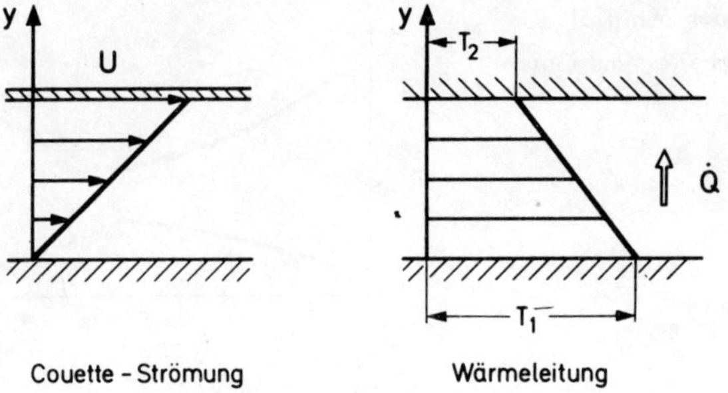

Bild 1.11 Analogie von innerer Reibung und Wärmeleitung

λ ist das Wärmeleitvermögen und A die übertragende Fläche. Für den spezifischen Wärmestrom $\dot{q}$ kommt also

$$\frac{\dot{Q}}{A} = \dot{q} = -\lambda \frac{dT}{dy} . \tag{1.9}$$

Damit gilt zwischen innerer Reibung und Wärmeleitung die Analogie

$$\tau = \mu \frac{du}{dy} \longleftrightarrow \dot{q} = -\lambda \frac{dT}{dy} . \tag{1.10}$$

λ und μ sind molekulare Austauschgrößen für Wärme und Impuls. Für später ist wichtig, daß man aus beiden Größen eine charakteristische Kennzahl herleiten kann. Sie wird nach Prandtl benannt:

$$\text{Prandtl-Zahl} = Pr = \frac{\mu c_p}{\lambda} . \tag{1.11}$$

c_p ist hierin wie üblich die spezifische Wärme bei konstantem Druck.

1.3 Gaskinetische Erklärung der inneren Reibung

Es geht hier um zwei Aussagen. Einerseits wollen wir den Newtonschen Schubspannungsansatz (1.4) für Gase herleiten und andrerseits μ bzw. ν auf bekannte mikroskopische Werte zurückführen. Bei der Ableitung benutzen wir gaskinetische Betrachtungen, bei denen makroskopische und mikroskopische Überlegungen gleichzeitig eingehen. Wir untersuchen die Strömung längs einer ebenen Wand (Bild 1.12). $u(y)$ ist das gemittelte Geschwindigkeitsprofil, wie wir es makroskopisch, z.B. mit dem bloßen Auge, registrieren. Mikroskopisch dagegen führen die Gasteilchen eine regellose Zufallsbewegung aus. Der dabei erfolgende Impulsaustausch der verschie-

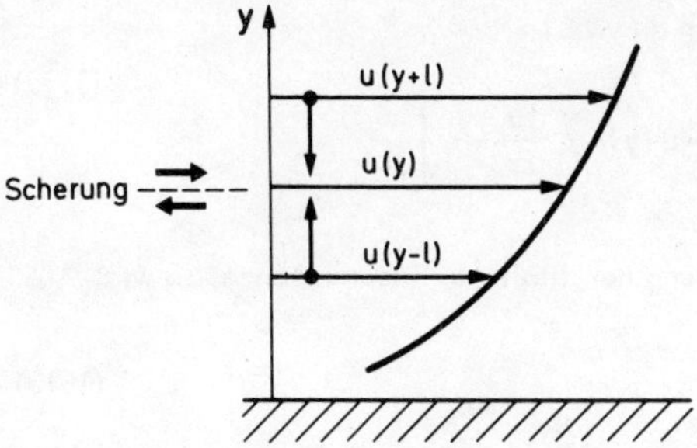

Bild 1.12 Zur gaskinetischen Erklärung der inneren Reibung. Strömung längs der ebenen Wand

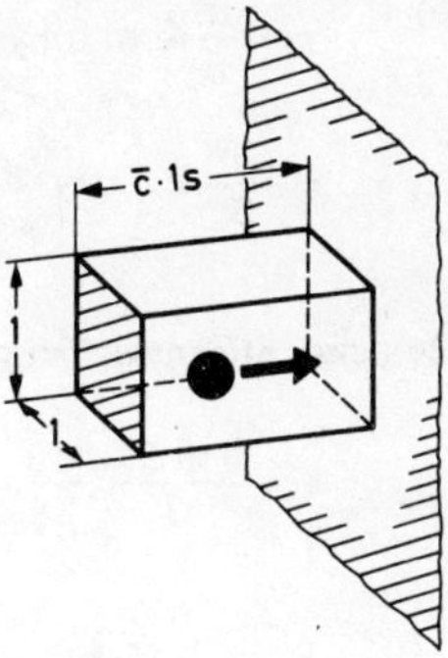

Bild 1.13 Ermittlung der Zahl der stoßenden Teilchen

denen Schichten führt zu einer Verheftung, d.h. zur inneren Reibung. Bild 1.12 veranschaulicht, wie es zu der Scherung in der Schicht y kommt. ℓ bezeichne die mittlere freie Weglänge. Teilchen, die aus dem Niveau $y + \ell$ stammen, beschleunigen die bei y vorhandenen Partikel. Teilchen, die von unten kommen $(y - \ell)$ verzögern sie entsprechend. Dies ruft eine Scherung bzw. Schubspannung im Niveau y hervor. Diese Kraftwirkung wird jetzt berechnet.

Die Masse des stoßenden Teilchens sei m, dann ist der gemittelte Impuls eines von oben kommenden Teilchens $|\vec{i}_o| = m\,u\,(y + \ell)$; analog gilt für ein Teilchen, das von unten kommt, $|\vec{i}_u| = m\,u\,(y - \ell)$.

Zur Bestimmung des insgesamt übertragenen Impulses müssen wir abzählen, wieviel Teilchen pro Zeiteinheit durch die Flächeneinheit gehen. n sei die Teilchenzahl pro cm^3. Aufgrund der Gleichverteilung bewegen sich in 1 cm^3 $n/3$ Teilchen in x- oder y- oder z-Richtung, mithin die Hälfte, also $n/6$ Teilchen, in $(+x)$- oder $(-x)$, ... -Richtung. Also treten $(n/6)\bar{c}$ Teilchen pro Sekunde durch die Flächeneinheit (Bild 1.13). Hier geht entscheidend die mittlere mikroskopische Molekülgeschwindigkeit $\bar{c}$ der Teilchen ein. Bild 1.13 zeigt, daß nur diejenigen Moleküle, die sich in einem Quader mit der Höhe $\bar{c} \cdot 1\,s$ befinden, in der Zeiteinheit durch die Flächeneinheit treten können.

Damit kommt für den an die Schicht y übertragenen Impuls pro Zeit- und Flächeneinheit = Kraft pro Fläche = Schubspannung.

$$\tau = \frac{n}{6}\,\bar{c}\,m\,u(y+\ell) - \frac{n}{6}\,\bar{c}\,m\,u(y-\ell) =$$
$$= \frac{n\,m}{6}\,\bar{c}\left[u(y) + \ell\,\frac{du}{dy} + \cdots - u(y) + \ell\,\frac{du}{dy} + \cdots\right]. \tag{1.12}$$

Berücksichtigen wir bei der Entwicklung nur die in ℓ linearen Terme, so wird

$$\tau = \frac{n\,m\,\bar{c}\,\ell}{3}\,\frac{du}{dy} = \frac{\rho\,\bar{c}\,\ell}{3}\,\frac{du}{dy}, \tag{1.13}$$

$$\frac{\mu}{\rho} = \nu = \frac{\bar{c}\,\ell}{3}. \tag{1.14}$$

Damit ist der Newtonsche Schubspannungsansatz für Gase hergeleitet und gleichzeitig ν auf die früher eingeführten mikroskopischen Bestimmungsstücke $\bar{c}$ und ℓ zurückgeführt. Wegen $\bar{c} \sim \sqrt{T}$ folgt weiterhin, daß bei Gasen die Zähigkeit ν mit der Temperatur ansteigt. Aus den Angaben für Luft: $\bar{c} \sim 500$ m/s, $\ell \sim 10^{-7}$ m folgt mit (1.14) $\nu \sim 15 \cdot 10^{-6}$ m^2/s, was mit dem in der Tabelle Seite 10 angegebenen Wert gut übereinstimmt.

Mit einer Dimensionsbetrachtung kann man auch zur Darstellung der kinematischen Zähigkeit ν gelangen. Man geht davon aus, daß ν allein von den kinematischen mikroskopischen Bestimmungsstücken ℓ und $\bar{c}$ abhängen kann, d.h.

$$\nu = f(\ell, \bar{c}).$$

Ein Potenzansatz

$$\nu = A\,\bar{c}^{\,m} \cdot \ell^{n}$$

mit A = konst liefert sofort

$$\nu = A\,\bar{c}\,\ell,$$

d.h., abgesehen von dem Zahlenfaktor kommt wiederum (1.14). Diese Zurückführung der kinematischen Zähigkeit auf die mikroskopischen Größen: mittlere Molekülgeschwindigkeit und mittlere freie Weglänge stellt ein sehr einleuchtendes Ergebnis dar, das handgreiflich den Mechanismus des Zustandekommens der inneren Reibung vor Augen führt. Wir kommen später auf ähnliche Betrachtungen (z.B. das Konzept des Prandtlschen Mischungsweges) wiederholt zurück.

1.4 Volumenänderung und Zustandsgleichung für Gase

Wir erinnern an zwei elementare Grundgesetze für sogenannte ideale Gase.

1. Das Boyle-Mariotte-Gesetz für isotherme Prozesse besagt:

$$p \cdot V = p_0 \cdot V_0 = \text{konst}, \quad t = \text{konst}, \quad t \text{ in } ^\circ\text{C}. \tag{1.15}$$

2. Das Gay-Lussac-Gesetz für isobare Vorgänge lautet:

$$V = V_0\ (1 + \beta\, t), \quad p = \text{konst}, \quad \beta = \frac{1}{273\,^\circ\text{C}}. \tag{1.16}$$

t bezeichnet hierin die Celsius-Temperatur. In Bild 1.14 sind verschiedene Prozesse (isochor - ρ = konst, isobar - p = konst, isotherm - t = konst, isentrop - s = konst) in der (p, V)-Ebene eingetragen.

Eine beliebige Zustandsänderung $p_1,\ V_1,\ t_1 = 0 \to p, V, t$ können wir stets aus den beiden oben betrachteten elementaren Prozessen zusammensetzen (Bild 1.15). Ein isothermer Vorgang führt von $p_1,\ V_1,\ t_1 = 0$ zu $p,\ V_2,\ t_2 = 0$:

$$p_1\, V_1 = p\, V_2\,. \tag{1.17}$$

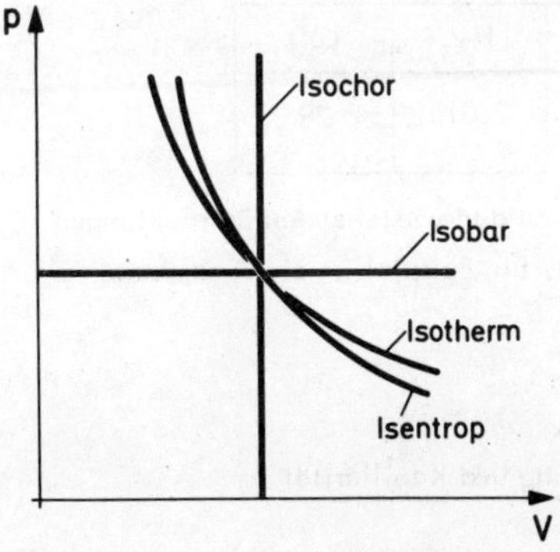

Bild 1.14 Thermodynamische Zustandsänderungen in der (p, V)-Ebene

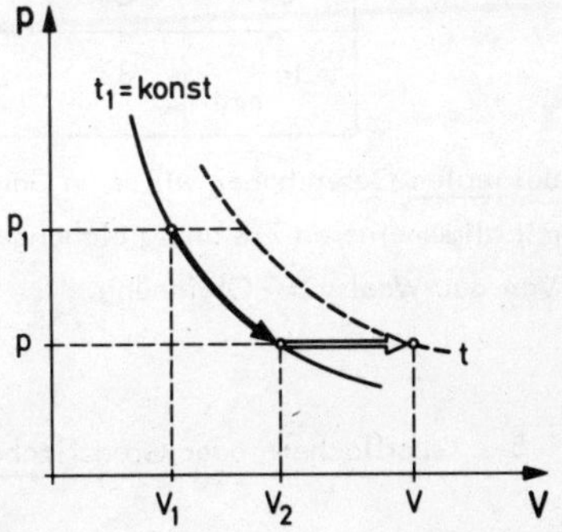

Bild 1.15 Zusammensetzung eines isothermen und eines isobaren Prozesses

---

R. Boyle, 1627-1691

E. Mariotte, 1620-1684

J. L. Gay-Lussac, 1778-1850

Ein anschließender isobarer Prozeß führt $p, V_2, t_2 = 0$ in p, V, t über mit

$$V = V_2\,(1 + \beta t). \tag{1.18}$$

Benutzen wir hier (1.17), so wird

$$p\,V = p\,V_2\,(1+\beta t) = p_1 V_1 (1+\beta t) = \beta\, p_1 V_1 \left(\frac{1}{\beta} + t\right) = \beta\, p_1 V_1\, T \;,$$

also in spezifischen Größen

$$p\,v = \frac{p}{\rho} = \frac{R}{m}\,T = \mathbb{R}\,T. \tag{1.19}$$

Dies ist die ideale Gasgleichung. Hierin bedeuten:

R = allgemeine (molare) Gaskonstante = $8{,}314 \cdot 10^3 \dfrac{m^2 g}{s^2 \,mol\, K} = 8{,}314 \dfrac{J}{mol\, K}$,

$\mathbb{R}$ = spezifische oder spezielle Gaskonstante in $\dfrac{m^2}{s^2 K} = \dfrac{J}{kg\, K}$,

m = Molmasse in $\dfrac{g}{mol}$.

Es gilt die Beziehung

$$\frac{R}{m} = c_p - c_v = \mathbb{R}\,. \tag{1.20}$$

Die wichtigsten Repräsentanten sind

Gas	O_2	N_2	H_2	Luft
m in $\frac{g}{mol}$	32	28,016	2,016	29

Bei realen Gasen haben wir es im Unterschied zu den vorstehenden Betrachtungen mit allgemeineren Zustandsgleichungen zu tun. Ein Beispiel ist die sogenannte Van-der-Waalssche-Gleichung.

1.5 Oberflächen- oder Grenzflächenspannung und Kapillarität

Bisher haben wir nur ein homogenes Medium betrachtet. Jetzt beschäftigen wir uns mit der unmittelbaren Umgebung der Trennfläche zweier Medien unterschiedlicher Dichte. Solche Flächen spielen in der Strömungslehre eine große Rolle. Grenzen zwei nicht mischbare Flüssigkeiten unterschiedlicher Dichte aneinander, so sprechen wir von einer internen Grenzfläche. Eine freie Oberfläche liegt vor, wenn eine

---

J.P. Joule, 1818-1889

Bild 1.16 Intermolekulare Kräfte im Innern und an der Oberfläche einer Flüssigkeit

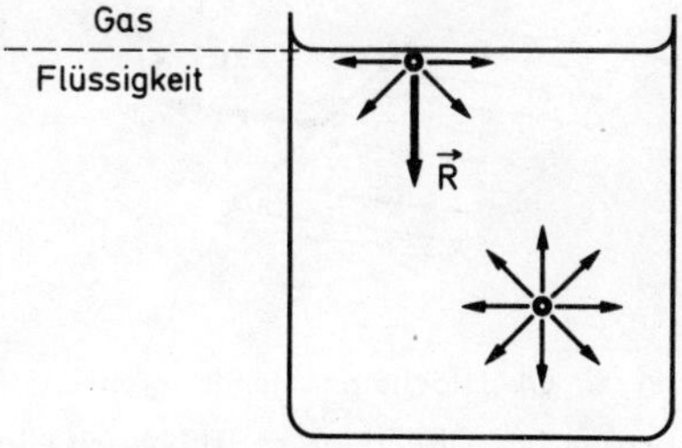

Flüssigkeit und ein Gas aneinander grenzen. Im Innern der Flüssigkeit heben sich die intermolekularen Anziehungskräfte auf ein Teilchen im Mittel auf (Bild 1.16). Es liegt hier ein kugelsymmetrisches Kraftfeld vor. An der Oberfläche tritt eine Resultierende auf, die ins Innere gerichtet ist, da die Gaspartikel über der Oberfläche keine intermolekularen Kräfte ausüben. Die Dicke dieser Oberflächenschicht ist vergleichbar dem Wirkungsbereich der intermolekularen Kräfte (~ 10 d $\sim 10^{-9}$ m). Diese Resultierende der intermolekularen Kräfte steht im Gleichgewicht mit den übrigen Kräften (Schwerkraft, Druckkraft). Im Vorgriff auf Späteres besagt dies, daß es dadurch in der Nähe der Oberfläche zu einer abgeänderten hydrostatischen Druckverteilung kommt.

Gegen diese Resultierende muß Arbeit geleistet werden, wenn ein Teilchen aus dem Flüssigkeitsinnern an die Oberfläche verschoben werden soll, d.h., die Moleküle an der Oberfläche haben eine höhere Energie als Teilchen im Innern. In jeder Flüssigkeitsoberfläche steckt also Energie. Um diese zusätzliche Energie gering zu halten, verwendet die Natur möglichst wenig Teilchen zur Bildung der Oberfläche. Dies führt zur Entstehung von sogenannten Minimalflächen. Das folgende Beispiel illustriert dies handgreiflich (Bild 1.17). Ein rechteckiger Drahtrahmen wird mit einer Seifenhaut ausgefüllt. Ein geschlossener Garnfaden wird darauf gelegt. Wird die Seifenhaut in der Schlinge durchstochen, so springt die Schlinge zu einem Kreis auf. Der Kreis hat bekanntlich bei gegebenem Umfang die größte Fläche. Die Restfläche ist also unter den gegebenen Randbedingungen die Minimalfläche.

Das Bestreben, die Oberfläche möglichst klein zu machen, führt zu einem Spannungszustand in der Fläche. Als Oberflächenspannung σ definiert man diejenige Kraft pro Längeneinheit der Berandung, die die Oberfläche im Gleichgewicht hält (Bild 1.18). Die Größe von σ hängt wesentlich von den beiden Medien ab, die

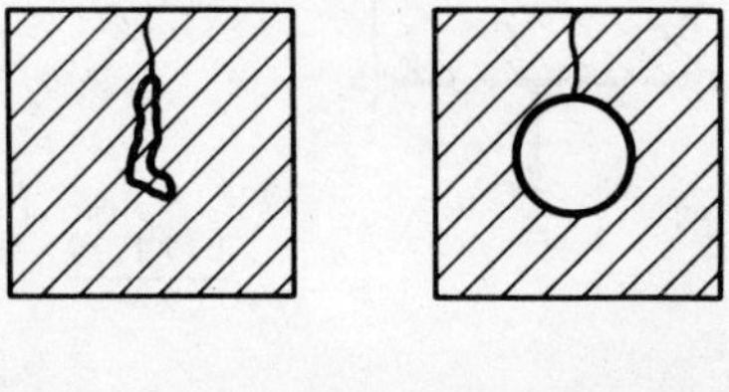

Bild 1.17 Zur Bildung von Minimalflächen

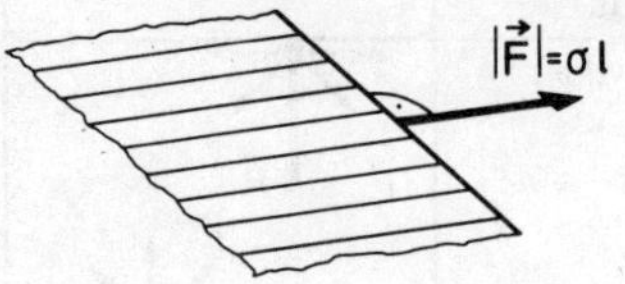

Bild 1.18 Zur Definition der Oberflächenspannung

an der Oberfläche aneinander grenzen. Sie nimmt im übrigen mit wachsender Temperatur ab. Die Erklärung ist ähnlich wie bei der Zähigkeit. Mit zunehmender Temperatur werden die intermolekularen Bindungen geringer. Die Resultierende in Bild 1.16 nimmt ab, und damit sinkt die Oberflächenenergie.

Medien	$\sigma \cdot 10^2$ Nm^{-1}
Wasser/Luft	7,1
Öl/Luft	2,5 - 3,0
Quecksilber/Luft	46

(bei 20 °C)

Die Messung von σ kann mit einem Drahtbügel erfolgen, an dem ein Steg verschiebbar angebracht ist (Bild 1.19). Da zwei Oberflächen gebildet werden, gilt

$$|\vec{F}| = 2\,\sigma\,\ell .$$

Anstelle der

$$\text{Oberflächenspannung } \sigma = \frac{\text{angreifende Kraft } |\vec{F}| \text{ an der Berandung}}{\text{Länge der Berandung } \ell} \qquad (1.21)$$

wird häufig der Begriff der

$$\text{spezifischen Oberflächenenergie } \varepsilon = \frac{\text{Energiezunahme } \Delta E}{\text{Oberflächenzunahme } \Delta A} \qquad (1.22)$$

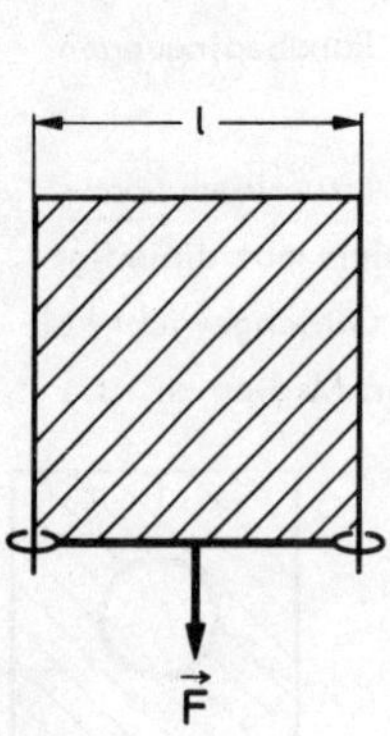

Bild 1.19 Messung von σ mit einem Drahtbügel

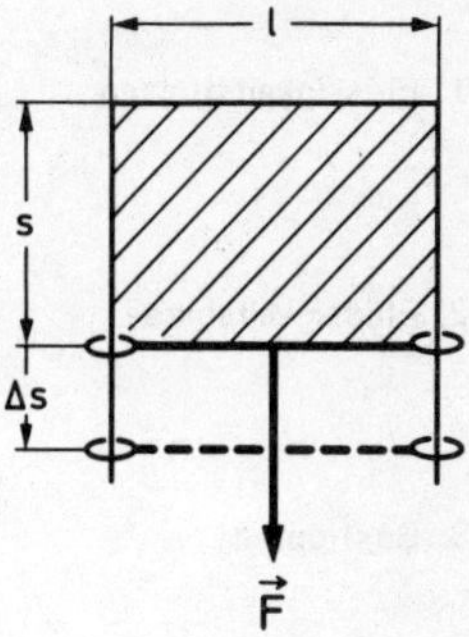

Bild 1.20 Zur Gleichheit von Oberflächenspannung und spezifischer Oberflächenenergie

verwendet. Es ist

$$\varepsilon = \sigma . \qquad (1.23)$$

Um diese Aussage zu beweisen, verschieben wir in Bild 1.20 den Steg um Δs. Die dabei erzielte Oberflächenzunahme ist $\Delta A = 2 \Delta s \ell$. Mit (1.22) kommt damit für die hierzu erforderliche Energie

$$\Delta E = 2 \varepsilon \Delta s \ell . \qquad (1.24)$$

Gehen wir andrerseits von der angreifenden Kraft $|\vec{F}| = 2 \sigma \ell$ aus, so leistet sie bei der Verschiebung um Δs die Arbeit

$$\Delta W = 2 \sigma \Delta s \ell . \qquad (1.25)$$

Da beide Energien (1.24) und (1.25) gleich groß sind (Energiebilanz!), folgt

$$\Delta W = 2 \sigma \Delta s \ell = 2 \varepsilon \Delta s \ell = \Delta E$$

d.h., es gilt (1.23).

Mit dieser Beziehung ist es leicht möglich, die Energie abzuschätzen, die in Flüssigkeitsoberflächen steckt. Das ist insbesondere dann wichtig, wenn Oberflächen ständig neu gebildet werden, was z.B. bei der Zerstäubung der Fall ist. Diese letzte Feststellung führt uns von den bisher behandelten <u>ebenen</u> Oberflächen zu <u>gekrümmten</u> Flächen, die in den Anwendungen von großem Interesse sind. Beispiele hierfür sind etwa ein Wassertropfen, eine Flüssigkeitsblase oder ein Gastropfen (Bild 1.21). In allen drei Fällen ist die Oberflächenspannung bestrebt, den Tropfen bzw. die Blase zu komprimieren. Dadurch kommt es zu einem Druckanstieg im Innern. Dies führt bei Vernachlässigung der Schwerkraft zu einem Gleichgewicht zwischen der Druckkraft und der aus der Oberflächenspannung resultierenden Kraft.

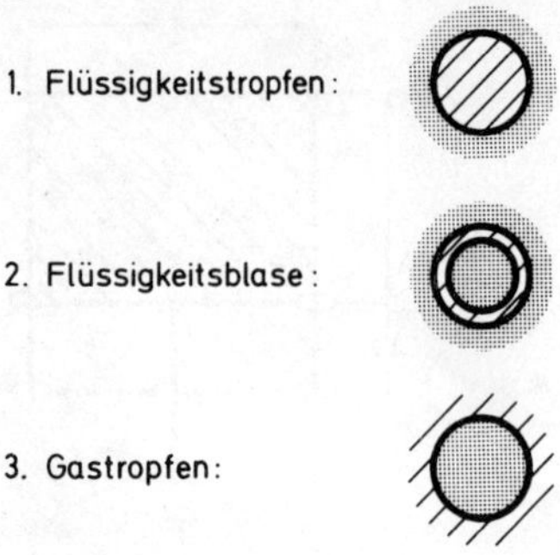

Bild 1.21 Flüssigkeitstropfen, Flüssigkeitsblase und Gastropfen

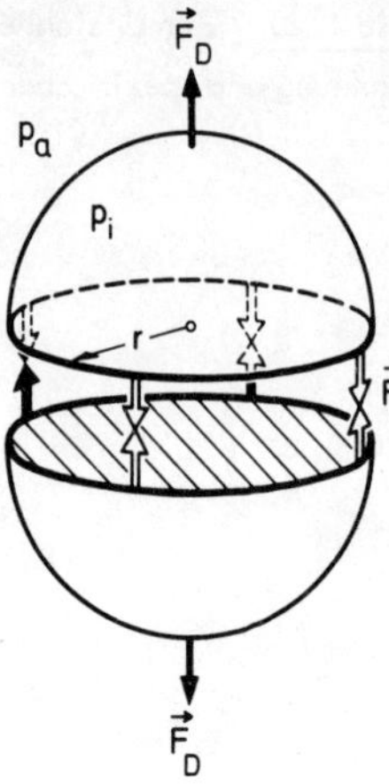

Bild 1.22 Gleichgewichtsbetrachtung für den kugelförmigen Flüssigkeitstropfen

Besonders einfach ist die zugehörige Gleichgewichtsbetrachtung für den kugelförmigen Flüssigkeitstropfen (Bild 1.22). Schneiden wir den Tropfen am Äquator auf, so ergibt sich eine resultierende Oberflächenspannungskraft

$$\left|\vec{F}_0\right| = 2\,\pi\, r\,\sigma\,. \tag{1.26}$$

Die resultierende Druckkraft weist in vertikale Richtung und hat dieselbe Größe, als ob die Äquatorebene mit der Druckdifferenz Δp beaufschlagt wäre (s.u.):

$$\left|\vec{F}_D\right| = \Delta p\,\pi\, r^2 = (p_i - p_a)\,\pi\, r^2. \tag{1.27}$$

Aus dem Gleichgewicht der beiden Kräfte folgt

$$\Delta p = p_i - p_a = \frac{2\sigma}{r}\,. \tag{1.28}$$

Für die Blase ergibt sich rechts im Zähler ein zusätzlicher Faktor 2, da zwei Oberflächen gebildet werden. Im Tropfen bzw. in der Blase kann damit ein erheblicher Überdruck entstehen. Im Falle von Nebeltröpfchen, $r = 10^{-6}$ m $= 10^{-3}$ mm, erhalten wir z.B.

$$\Delta p = \frac{2 \cdot 7{,}1 \cdot 10^{-2}}{10^{-6}}\,\frac{\mathrm{N}}{\mathrm{m}^2} = 1{,}42 \cdot 10^5\,\frac{\mathrm{N}}{\mathrm{m}^2} = 1{,}42\ \mathrm{bar}\,.$$

Wir wollen die ausführliche Ableitung der Druckkraft (1.27) nachtragen, weil das Ergebnis von allgemeinem Interesse ist. In Bild 1.23 ist das Oberflächenelement an-

Bild 1.23 Zur Herleitung der Druckkraft

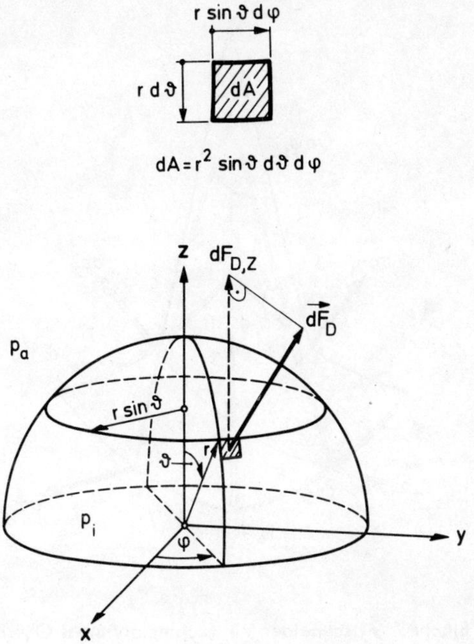

gegeben. Bei der Integration ist aus Symmetriegründen nur die z-Komponente der Druckkraft zu berücksichtigen:

Der Außendruck p_a ergibt für das Flächenelement den Anteil =

$$= - p_a \, dA \cos\vartheta = - p_a r^2 \sin\vartheta \cos\vartheta \, d\vartheta \, d\varphi .$$

Integration über die Halbkugel liefert =

$$= - \int_{\varphi=0}^{2\pi} \int_{\vartheta=0}^{\pi/2} p_a r^2 \sin\vartheta \cos\vartheta \, d\vartheta \, d\varphi = - p_a \pi r^2 .$$

Berücksichtigen wir den Beitrag von p_i auf die Äquatorfläche = $p_i \cdot \pi r^2$, so wird insgesamt

$$F_{D,Z} = (p_i - p_a) \pi r^2 = \Delta p \, \pi r^2 .$$

Dieser Tatbestand gilt allgemein, d.h., bei gekrümmten Flächen spielt nur die Projektion in die jeweilige Ebene eine Rolle. Dabei wird in diejenige Richtung projiziert, in der die Komponente der Druckkraft gesucht wird.

Wir kommen jetzt zur Gleichgewichtsbetrachtung bei einer beliebig gekrümmten

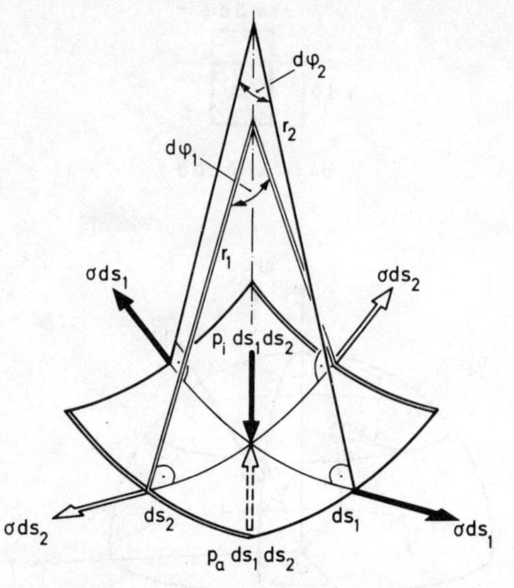

Bild 1.24 Gleichgewichtsbetrachtung für eine beliebig gekrümmte Fläche

Fläche. Wir schneiden ein rechteckförmiges Oberflächenelement heraus. Bild 1.24 enthält alle Bezeichnungen, die die Geometrie und die Kräfte betreffen. r_1 und r_2 sind die Krümmungsradien der Schnittkurven der Oberfläche mit zwei zueinander senkrechten Ebenen. Man beachte, daß r_1 und r_2 mit Vorzeichen behaftet sind. Sie haben entgegengesetztes Vorzeichen, falls die Krümmungsmittelpunkte auf verschiedenen Seiten der Fläche liegen. Es gelten die Zusammenhänge

$$ds_1 = r_1\, d\varphi_1 \quad , \quad ds_2 = r_2\, d\varphi_2 \; . \tag{1.29}$$

Die Resultierende aus den angreifenden Oberflächenspannungen muß der Druckkraft das Gleichgewicht halten (Bild 1.25):

$$\vec{dF}_{01} + \vec{dF}_{02} + \vec{dF}_D = 0 \; . \tag{1.30}$$

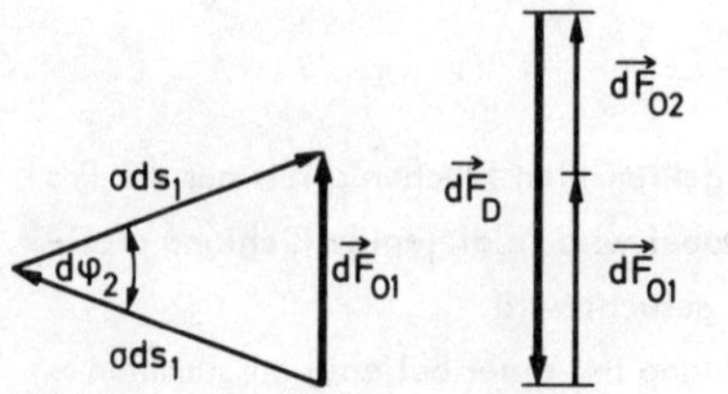

Bild 1.25 Kräftegleichgewicht für den Fall von Bild 1.24

Hier gilt für die Beträge

$$dF_D = (p_i - p_a)\, ds_1\, ds_2 = \Delta p\, ds_1\, ds_2 ,$$

$$dF_{01} = \sigma\, ds_1\, d\varphi_2 = \frac{\sigma}{r_2}\, ds_1\, ds_2 , \qquad (1.31)$$

$$dF_{02} = \sigma\, ds_2\, d\varphi_1 = \frac{\sigma}{r_1}\, ds_1\, ds_2 .$$

Die Gleichgewichtsbedingung liefert

$$\Delta p = p_i - p_a = \sigma \left(\frac{1}{r_1} + \frac{1}{r_2} \right) . \qquad (1.32)$$

Als Spezialfälle heben wir hervor:

1. Kugeltropfen: $r_1 = r_2 = r$, $\Delta p = \frac{2\sigma}{r}$.
2. Kugelförmige Blase: $\Delta p = \frac{4\sigma}{r}$.
3. Zylindrische Oberfläche: $r_1 = r$, $r_2 \to \infty$, $\Delta p = \frac{\sigma}{r}$.

Von Interesse ist eine Vorzeichendiskussion. Wir beginnen mit $r_1 > 0$ und $r_2 > 0$. Beide Krümmungsmittelpunkte liegen auf derselben Seite der Fläche. Wir halten $r_1 > 0$ fest und lassen r_2 von positiven Werten über Unendlich zu negativen Werten variieren. Dann ist die Krümmung in den beiden Richtungen 1 und 2 entgegengesetzt. Es liegt das Verhalten einer Sattelfläche (Bild 1.26) vor. In einem solchen Fall kann durchaus $\Delta p = p_i - p_a = 0$ sein, nämlich dann, wenn die Oberflächenspannungskräfte untereinander im Gleichgewicht stehen. Mit geeigneten Drahtbügeln können solche Sattelflächen aus Seifenhaut leicht erzeugt werden. Beide Seiten der Fläche stehen unter Atmosphärendruck, und es gilt damit für die Krümmungsradien

$$\frac{1}{r_1} + \frac{1}{r_2} = 0 . \qquad (1.33)$$

In der Mathematik werden hierdurch die sogenannten Minimalflächen definiert. Die Bedingung hierfür lautet, daß die mittlere Flächenkrümmung

$$H = \frac{1}{2} \left(\frac{1}{r_1} + \frac{1}{r_2} \right) = 0$$

ist, was mit unserer Bedingung (1.33) übereinstimmt.

Zum Abschluß einige elementare Konsequenzen. Sind zwei Blasen miteinander in Berührung, so ist die konvexe Seite in der größeren Blase, da in der kleineren der

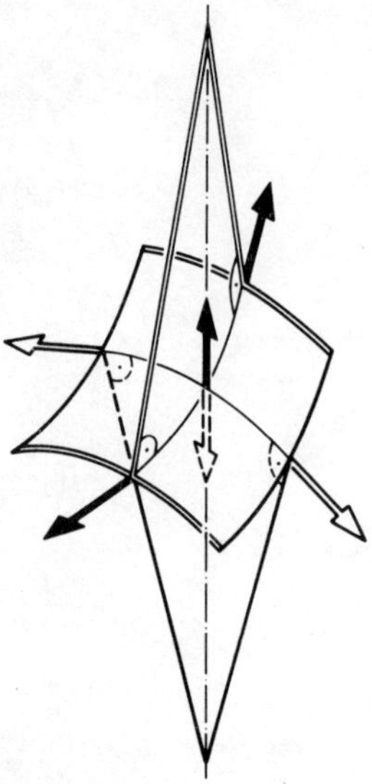

Bild 1.26 Gleichgewicht an einer Sattelfläche

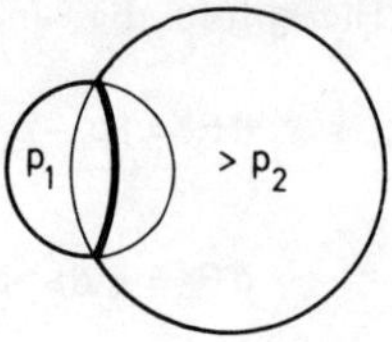

Bild 1.27 Zwei Blasen in Berührung

höhere Druck herrscht (Bild 1.27). Stehen die beiden Blasen durch eine Leitung miteinander in Verbindung, so bläst die kleine die große auf. Im Endzustand besitzen beide Flächen gleiche Krümmung. In Bild 1.28 ist der entsprechende Versuch skizziert. Im Anfangszustand liegen zwei Blasen unterschiedlicher Größe vor. Die rechts befindliche kleinere enthält Rauch. Wird die Verbindung zwischen beiden hergestellt, so strömt der Rauch nach links. Die rechte Blase verkleinert sich. Im

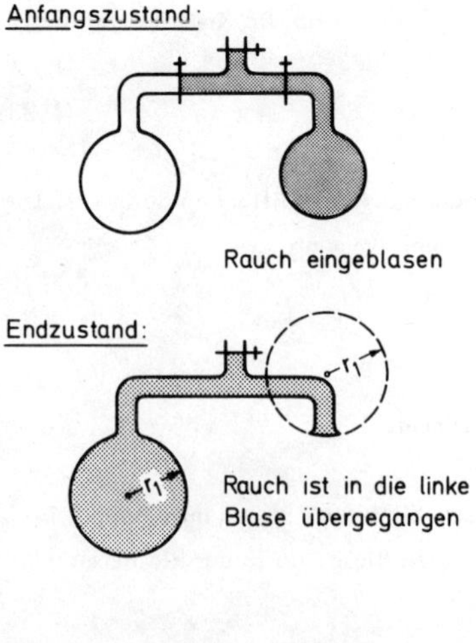

Bild 1.28 Druckausgleich zwischen zwei Blasen verschiedener Größe

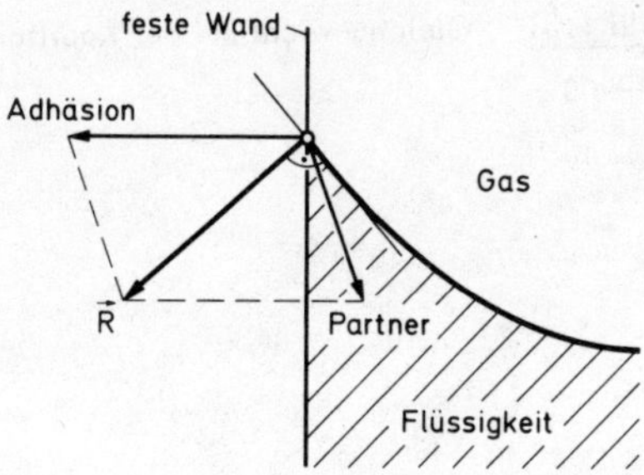

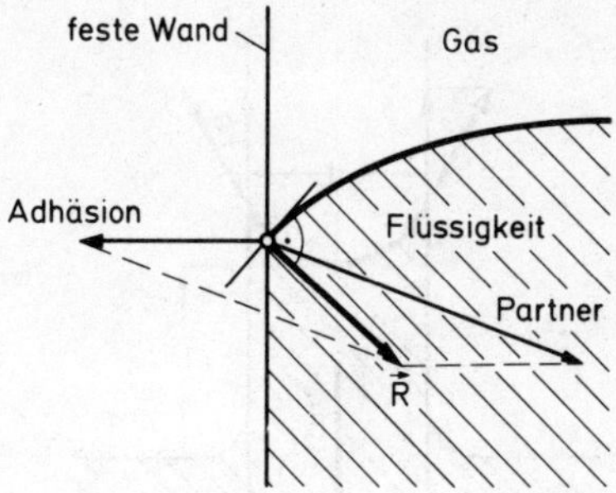

<u>Bild 1.29</u> Benetzung der Wand (z.B. Glas, Wasser, Luft)

<u>Bild 1.30</u> Nichtbenetzender Fall (z.B. Glas, Quecksilber, Luft)

Endzustand bleibt rechts ein Flächenstück übrig, das dieselbe Krümmung wie die Blase links besitzt.

Wir kommen zur Besprechung der <u>Kapillarität</u>. Die Bezeichnung rührt von der Hebung bzw. Senkung des Flüssigkeitsspiegels in einer Kapillaren her. Jetzt handelt es sich darum, daß drei Medien, z.B. Gas - Flüssigkeit - fester Körper, zusammentreffen. Neben den intermolekularen Kräften der Flüssigkeit spielen jetzt die Anziehungskräfte der Wand (= Adhäsion) eine Rolle. Vom Eigengewicht des Teilchens (Schwerkraft) kann in diesem Zusammenhang abgesehen werden.
Von Wichtigkeit sind zwei Extremfälle.

1. Die Adhäsion ist sehr viel größer als die Anziehung durch die benachbarten Flüssigkeitsteilchen. In diesem Fall kommt es zur Benetzung der Wand. Die Flüssigkeit wird an die Wand herangezogen und steigt dort in die Höhe (Bild 1.29). Die Resultierende aus Adhäsion und intermolekularen Kräften steht senkrecht zur Flüssigkeitsoberfläche (bei Vernachlässigung der Schwere!). Dies muß so sein, da sonst eine Komponente in Richtung der Oberfläche vorhanden wäre, die zu einer Verschiebung der Teilchen an der Oberfläche und damit zu einer Bewegung führen würde. Der skizzierte Fall entspricht z.B. der Kombination: Glas, Wasser und Luft.

2. Ist die Anziehung der Flüssigkeitspartner sehr viel größer als die Adhäsion, so liegt der nichtbenetzende Fall vor. Die Flüssigkeit sinkt an der Wand herab (Bild 1.30). Dies entspricht z.B. der Kombination: Glas, Quecksilber und Luft.

Von Wichtigkeit ist die Berechnung der kapillaren <u>Steighöhe</u> (oder Senkung). Wir wollen hier verschiedene Methoden anwenden, die alle in den Anwendungen eine Rolle spielen.

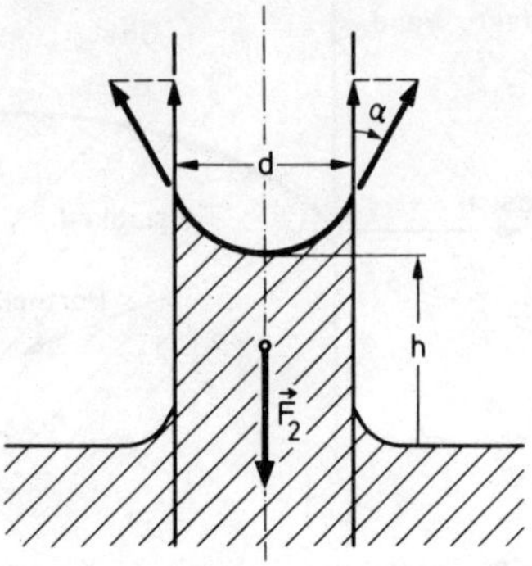

Bild 1.31 Gleichgewicht bei der Kapillarhebung

1. Wir benutzen das Schnittprinzip der Mechanik und schneiden die in der Kapillaren gehobene Flüssigkeitssäule (Bild 1.31) frei. Dann muß ein Gleichgewicht bestehen zwischen der Oberflächenspannungskraft $\vec{F}_1$ und der Gewichtskraft der gehobenen Flüssigkeitssäule $\vec{F}_2$. Mit den Bezeichnungen von Bild 1.31 gilt im Gleichgewicht

$$F_1 = 2\pi r \sigma \cos\alpha = F_2 = \pi r^2 h \rho g ,$$

d.h.

$$h = \frac{2\sigma\cos\alpha}{r\rho g} = \frac{4\sigma\cos\alpha}{d\gamma} . \qquad (1.34)$$

Die Adhäsion geht durch den Randwinkel α ein. Bei vollständiger Benetzung ist $\alpha = 0$, und es kommt

$$h = \frac{4\sigma}{d\gamma} , \qquad (1.35)$$

wodurch eine einfache Möglichkeit zur Messung von σ gegeben ist.

2. Wir betrachten den Spezialfall der vollständigen Benetzung und erläutern eine weitere Möglichkeit (Bild 1.32). In der Flüssigkeit entsteht unter der freien Oberfläche ein Unterdruck

$$\Delta p = p_1 - p_2 = \frac{2\sigma}{r} = \frac{4\sigma}{d} .$$

Die zugehörige Sogkraft, die sich durch Projektion der Oberfläche in den Kapillarquerschnitt ergibt, trägt die Flüssigkeitssäule. Für die Sogkraft kommt: $\Delta p \pi r^2 = 2\pi\sigma r$, während das Gewicht $\pi r^2 h\rho g$ ist. Setzen wir beide Ausdrücke gleich, so kommt (1.35).

Bild 1.32 Berechnung der Drücke bei der Kapillarhebung

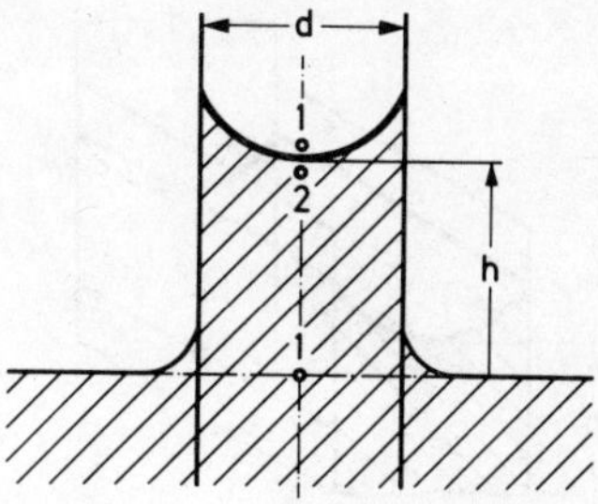

3. Wir benutzen die Stetigkeitsbedingung für den Druck im Punkt 2 (Bild 1.32). Wir nehmen an der Stelle die Darstellung für den hydrostatischen Druck vorweg. Der Druck in 2 kann auf zwei Wegen berechnet werden: als hydrostatischer Druck $p_2 = p_1 - g\rho h$ und als Kapillardruck $p_2 = p_1 - 2\sigma/r$. Durch Gleichsetzen kommt wieder (1.35). An der letzten Darstellung erkennt man auch sofort, daß die Steighöhe begrenzt ist. Für $p_2 = 0$ wird $h_{max} = p_1/\rho g$ bzw. $r_{min} = 2\sigma/p_1$. Strenggenommen wäre hier zu fordern, daß an der Stelle 2 der Dampfdruck der Flüssigkeit nicht unterschritten werden darf. Das erste stellt die wohlbekannte Steighöhe der Hydrostatik dar, das zweite gibt, im Rahmen des hier benutzten Modells, eine Abschätzung für den minimalen Kapillarradius.

Mit $\sigma = 7{,}1 \cdot 10^{-2}$ N/m und $p_1 = 10^5$ N/m^2 wird $d_{min} \cong 3 \cdot 10^{-3}$ mm.

Für die Steighöhen im zylindrischen Rohr ergibt (1.35)

$$h_{H_2O} = \frac{28{,}8}{d}\,\mathrm{mm} \quad , \quad |h_{Hg}| = \frac{13{,}8}{d}\,\mathrm{mm} \; .$$

Hierin ist d in mm einzutragen.

Betrachtet man die Hebung einer Flüssigkeit zwischen zwei benachbarten vertikalen Platten (Bild 1.33), so erhält man für die Vertikalkomponente der Oberflächenspannungskraft

$$F_1 = 2\, b\, \sigma \cos\alpha$$

und für das Gewicht der gehobenen Flüssigkeit

$$F_2 = h\, b\, d\, \rho g \; ,$$

also

$$h = \frac{2\sigma\cos\alpha}{d\gamma} \; .$$

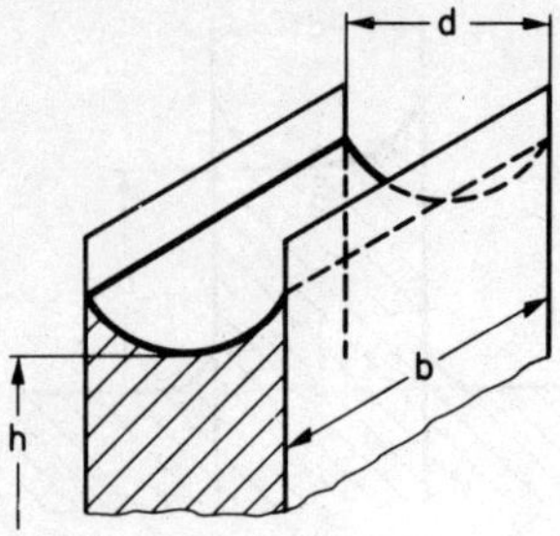

Bild 1.33 Kapillarhebung zwischen zwei benachbarten Platten

Die Steighöhe ist also halb so groß wie bei der zylindrischen Kapillaren. Dies leuchtet unmittelbar ein, da der wirksame Druck auch nur halb so groß ist.

2. Hydro- und Aerostatik

2.1 Flüssigkeitsdruck p

In diesem Kapitel beschäftigen wir uns mit den Zustandsgrößen bei fehlender Bewegung. Wir holen zunächst den Nachweis nach, daß der Druck eine richtungsunabhängige Größe, also ein Skalar, ist. Wir betrachten ein Massenelement mit der Tiefe dz (Bild 2.1) eines Newtonschen Fluids im bewegungslosen Gleichgewichtszustand. Schubspannungen treten in den Schnittflächen erst bei Bewegung auf. Bei uns sind dort nur Normalkräfte vorhanden. Den Druck kennzeichnen wir mit einem Index: p_x, p_y, p_z, je nachdem auf welche Fläche er wirkt. Das Gewicht geht als Volumenkraft ein. Es bestehen die Relationen

$$dx = ds \cos\alpha \, , \quad dy = ds \sin\alpha \, .$$

Das Kräftegleichgewicht lautet

$$\sum_{\alpha} \vec{F}_{\alpha} = 0 ,$$

d.h., die Summe aller angreifenden Kräfte ist Null. In Komponenten besagt dies

$$\sum F_x = p_x \, dy \, dz - p_s \sin\alpha \, ds \, dz = (p_x - p_s) \, dy \, dz = 0 \, ,$$

$$p_s = p_x \, . \tag{2.1}$$

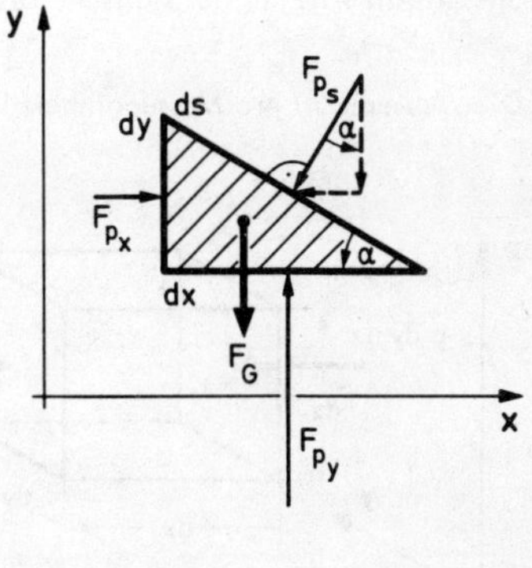

Bild 2.1 Kräftegleichgewicht am ruhenden Massenelement

$$\sum F_y = p_y \, dx \, dz - p_s \cos\alpha \, ds \, dz - \frac{1}{2} dx \, dy \, dz \, \rho g =$$

$$= (p_y - p_s - \frac{1}{2} \rho g \, dy) \, dx \, dz = 0 ,$$

$$p_s = p_y - \frac{1}{2} \rho g \, dy . \tag{2.2}$$

Ziehen wir das Massenelement auf einen Punkt zusammen, so gehen (2.1) und (2.2) über in

$$p_s = p_x = p_y \quad . \tag{2.3}$$

Wir können also die Indizes fortlassen. Dadurch ist der Flüssigkeitsdruck p als skalare Größe erkannt.

2.2 Flüssigkeitsdruck in Kraftfeldern

Wir betrachten nach wie vor ein ruhendes Medium, schneiden einen infinitesimalen Quader heraus (Bild 2.2) und formulieren die Gleichgewichtsbedingung. Wir unterteilen die auftretenden Kräfte in zwei Klassen: in Massenkräfte und Oberflächenkräfte. In die erste Gruppe fallen definitionsgemäß alle an der Masse des Elements angreifenden Kräfte (Schwerkraft, Zentrifugalkraft, elektrische und magnetische Kräfte usw.). Die zweite Gruppe enthält alle auf die Oberfläche wirkenden Kräfte (Druckkraft, Reibungskräfte usw.). Die letzteren Kräfte werden durch Normal- und Tangentialspannungen an der Oberfläche hervorgerufen. In dem hier betrachteten Spezialfall tritt nur der statische Druck auf.

Die Massenkraft pro Masseneinheit ist

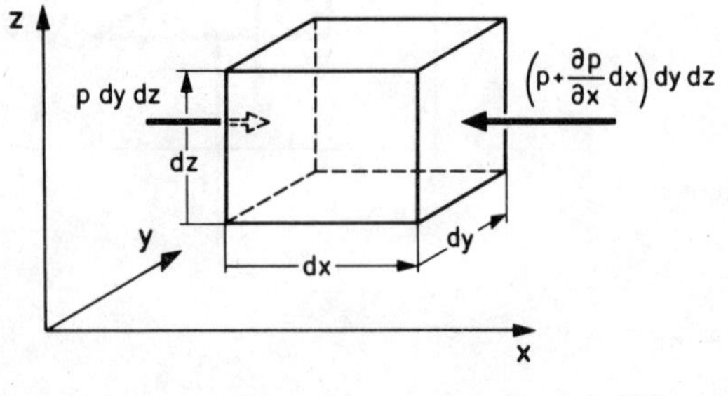

Bild 2.2 Gleichgewichtsbetrachtung für den Quader

$$\vec{f} = \left\{ f_x , f_y , f_z \right\} . \tag{2.4}$$

Die x-Komponente der Gleichgewichtsbedingung lautet

$$p\, dy\, dz - (p + \frac{\partial p}{\partial x} dx)\, dy\, dz + f_x\, dm = 0 ,$$

also

$$- \frac{\partial p}{\partial x} dx\, dy\, dz + f_x\, dm = 0 .$$

Mit dem Massenelement $dm = \rho\, dx\, dy\, dz$ folgt für alle drei Komponenten

$$\frac{1}{\rho} \frac{\partial p}{\partial x} = f_x , \qquad \frac{1}{\rho} \frac{\partial p}{\partial y} = f_y , \qquad \frac{1}{\rho} \frac{\partial p}{\partial z} = f_z \tag{2.5a}$$

oder, zusammengefaßt in Vektorform,

$$\frac{1}{\rho} \operatorname{grad} p = \vec{f} . \tag{2.5b}$$

Wir diskutieren Spezialfälle, die für die Strömungslehre von Wichtigkeit sind. Als Massenkräfte berücksichtigen wir die Schwerkraft

$$\vec{f_s} = \left\{ 0, 0, -g \right\} , \tag{2.6}$$

sowie die Zentrifugalkraft, die bei Drehung mit konstanter Winkelgeschwindigkeit ω um die z-Achse auftritt (Bild 2.3):

$$\vec{f_z} = \left\{ \omega^2 x , \ \omega^2 y , 0 \right\} . \tag{2.7}$$

Strenggenommen fällt dieses Beispiel nicht mehr in das Gebiet der Statik. Rotiert das Fluid mit konstanter Winkelgeschwindigkeit wie ein starrer Körper, so können dennoch die obigen Gleichungen verwendet werden. (2.6) und (2.7) ergeben mit

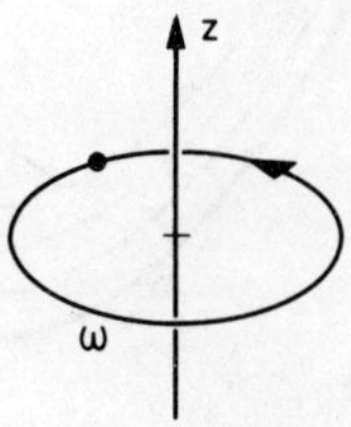

Bild 2.3 Zur Zentrifugalkraft

(2.5b) das Differentialgleichungssystem

$$\frac{1}{\rho}\,\frac{\partial p}{\partial x} = \omega^2 x\,, \qquad \frac{1}{\rho}\,\frac{\partial p}{\partial y} = \omega^2 y\,, \qquad \frac{1}{\rho}\,\frac{\partial p}{\partial z} = -g\,. \tag{2.8}$$

Die Integration führt bei konstanter Dichte ρ schrittweise zu dem Ergebnis

$$p(x,y,z) = \frac{1}{2}\rho\,\omega^2 x^2 + f(y,z) \rightarrow \frac{\partial f(y,z)}{\partial y} = \rho\,\omega^2 y\,,$$

$$f(y,z) = \frac{1}{2}\rho\,\omega^2 y^2 + h(z) \rightarrow \frac{dh}{dz} = -g\rho\,,$$

$$h(z) = -g\,\rho\,z + \text{konst}\,,$$

$$p(x,y,z) = \frac{1}{2}\rho\,\omega^2 (x^2+y^2) - g\,\rho\,z + \text{konst}\,. \tag{2.9}$$

Diese Druckverteilung kann man am einfachsten anhand der Isobarenflächen $p =$ konst diskutieren. Es handelt sich um Rotationsparaboloide, die alle durch Translation längs der Rotationsachse auseinander hervorgehen (Bild 2.4):

$$z - z_0 = \frac{\omega^2}{2g}\,(x^2 + y^2) = \frac{\omega^2}{2g}\,r^2\,. \tag{2.10}$$

Speziell gilt diese Darstellung für die Flüssigkeitsoberfläche, denn dort ist der Druck gleich dem konstanten Atmosphärendruck. Man kann zu diesem Ergebnis sehr leicht auch auf dem folgenden Wege kommen: An der Flüssigkeitsoberfläche muß die Resultierende aus Schwerkraft und Zentrifugalkraft senkrecht zur Fläche liegen (Bild 2.5). Dies führt zum Anstieg

$$\frac{dz}{dr} = \frac{\omega^2 r}{g}\,,$$

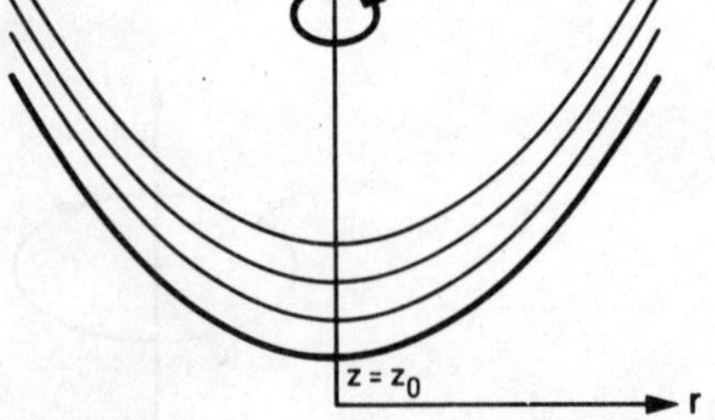

Bild 2.4 Isobaren bei Drehung des Fluids um die z-Achse

Bild 2.5 Gleichgewichtsbetrachtung für die Flüssigkeitsoberfläche

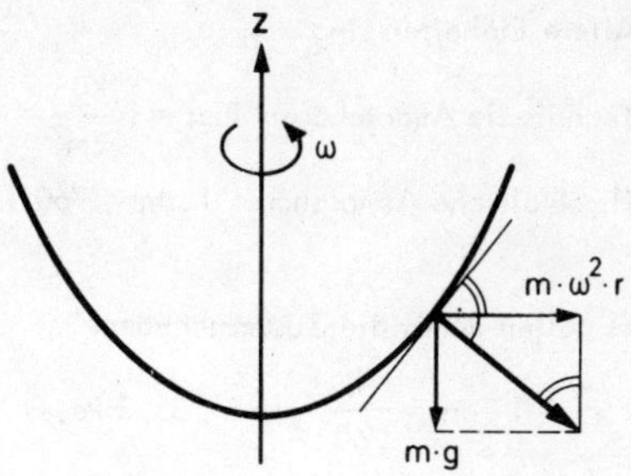

d.h., es kommt (2.10):

$$z - z_0 = \frac{\omega^2}{2g} r^2 .$$

Wir beschäftigen uns nun mit dem Druckverlauf in Flüssigkeiten und Gasen im Schwerefeld.

In einer ruhenden Flüssigkeit (ρ = konst) erhalten wir aus (2.9) für die Druckdifferenz $p_1 - p_2$ beim Höhenunterschied h (Bild 2.6)

$$\Delta p = p_1 - p_2 = g \rho h = \gamma h . \qquad (2.11)$$

Der Druck nimmt in Flüssigkeiten also linear mit der Tiefe zu. Die Maßeinheiten des Druckes sind

$$1 \text{ Pa (Pascal)} = 1 \frac{N}{m^2} = 1 \frac{kg}{m\, s^2} ,$$

$$1 \text{ bar} = 10^5 \text{ Pa} = 10^5 \frac{N}{m^2} .$$

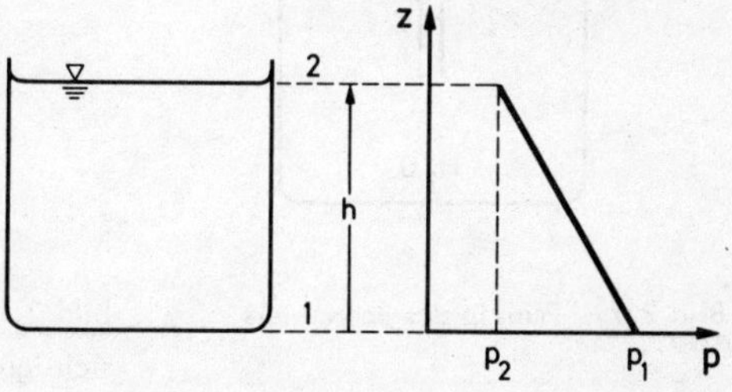

Bild 2.6 Druckverlauf in ruhenden Flüssigkeiten im Schwerefeld

---

B. Pascal, 1623-1662

Ältere Einheiten sind

Technische Atmosphäre: $1 \text{ at} = 1 \frac{\text{kp}}{\text{cm}^2} = 10 \text{ m WS} = 0{,}981 \text{ bar}$,

Physikalische Atmosphäre: $1 \text{ atm} = 760 \text{ Torr} = 76 \text{ cm Hg} = 1{,}033 \text{ at} = 1{,}013 \text{ bar} =$
$= 1013 \text{ mbar}$.

Es gelten damit die Zusammenhänge

$$1 \text{ Torr} = \frac{1}{760} \text{ atm} = 133{,}3 \text{ Pa},$$

$$1 \text{ mm Hg} = 13{,}6 \text{ mm WS}.$$

Die älteren Definitionen gehen entweder vom Druck einer 10 m hohen Wassersäule (WS) (= 1 at) oder einer 76 cm hohen Quecksilbersäule (= 1 atm) aus.

Die Druckmessung (p_1) kann somit auf eine Längenmessung (h) zurückgeführt werden (Bild 2.7). Das ist das Prinzip des Barometers. Die maximale Steighöhe wird für $p_2 = 0$ erreicht. Wenn p_1 der Atmosphärendruck ist und der Dampfdruck vernachlässigt wird, wird $h_{max} = 10 \text{ m WS}$.

Von Interesse ist die Diskussion des Barometers unter Berücksichtigung von Kapillaritätseffekten (Bild 2.8). Die Hydrostatik liefert

$$p_1 - p_2' = \gamma h. \tag{2.12}$$

Die Oberflächenspannung führt bei vollständiger Benetzung zur Druckdifferenz

$$p_2 - p_2' = \frac{4\sigma}{d}. \tag{2.13}$$

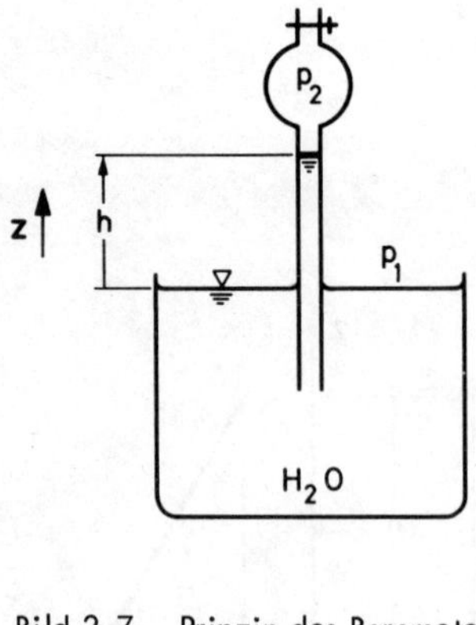

Bild 2.7 Prinzip des Barometers

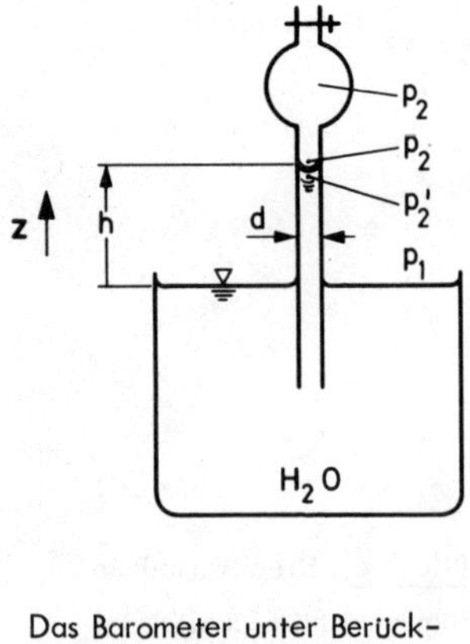

Bild 2.8 Das Barometer unter Berücksichtigung von Kapillaritätseffekten

---

E. Torricelli, 1608-1647

Subtraktion ergibt

$$p_1 - p_2 = \gamma h - \frac{4\sigma}{d},$$

d.h.

$$h = \frac{p_1 - p_2}{\gamma} + \frac{4\sigma}{d\gamma} . \tag{2.14}$$

Danach sieht es so aus, als ob die maximale Steighöhe durch Kapillaritätseffekte vergrößert werden könnte. Dies ist jedoch nicht der Fall. Man hat hierzu lediglich zu beachten, daß nach (2.13) $p_2 - p_2' \geqq 0$ ist. Eine Verringerung von p_2 hat dort ihre Grenze, wo $p_2' = 0$ ist. Dann folgt aus (2.13): $p_{2_{min}} = 4\sigma/d$ und aus (2.12): $p_1 = \gamma h_{max}$. Dies stimmt vollständig mit der früher ermittelten Steighöhe überein.

Untersuchen wir nun die Druckverteilung in einem geschichteten Medium mit der Dichte $\rho = \rho(z)$. Es gibt viele Anwendungen, z.B. in Flüssigkeiten oder auch in der Atmosphäre. Wir beschäftigen uns im folgenden mit Gasschichten. Die hydrostatische Grundgleichung für den Druck (2.8)

$$\frac{dp}{dz} = -g\rho$$

liefert mit der idealen Gasgleichung (1.19)

$$\frac{p}{\rho} = \mathbb{R}T$$

die Bestimmungsgleichung

$$\frac{dp}{p} = -\frac{g}{\mathbb{R}} \frac{dz}{T} . \tag{2.15}$$

Eine Integration ist nur möglich, wenn $T = T(z)$ gegeben ist. Dies ist eine zusätzliche Aussage, die aus thermodynamischen Betrachtungen folgt (Energiebilanz!). Besonders einfach wird die Integration für eine isotherme Gasschicht. (2.15) ergibt bei den Anfangswerten $p(z_0) = p_0$, $\rho(z_0) = \rho_0$

$$p = p_0 \exp\left(-\frac{g}{\mathbb{R}T_0}(z - z_0)\right) , \quad \rho = \rho_0 \exp\left(-\frac{g}{\mathbb{R}T_0}(z - z_0)\right) . \tag{2.16}$$

Bei der Flüssigkeit konstanter Dichte liegt eine lineare Abhängigkeit des Druckes von der Höhe vor. Hier handelt es sich dagegen um einen exponentiellen Verlauf (Bild 2.9).

In der Atmosphäre kann man in der Troposphäre und in der Stratosphäre die Tempera-

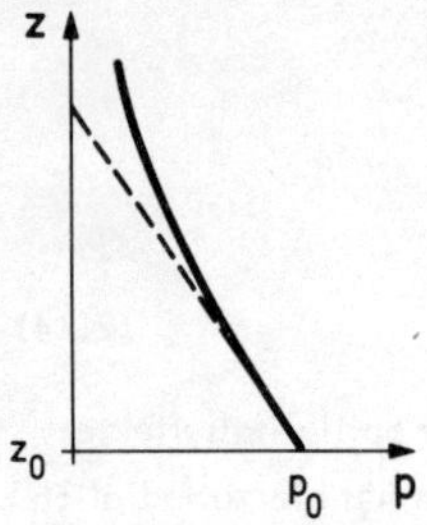

Bild 2.9 Druckverlauf in einer isothermen Gasschicht

tur gut durch eine Gerade bzw. durch eine Konstante annähern (Bild 2.10). Eine entsprechende Integration wie oben führt in der Troposphäre zu einer Potenzfunktion, während in der Stratosphäre eine Exponentialfunktion vorliegt. Beide Druckfunktionen gehen in der Tropopause stetig und stetig differenzierbar ineinander über. Letzteres folgt sofort aus der hydrostatischen Grundgleichung (2.5b) mit (2.6), weil die Dichte im Übergang stetig ist. In der Meteorologie werden diese Beziehungen (Barometrische Höhenformeln) sehr häufig, z.B. bei der Aufstiegsauswertung, verwendet.

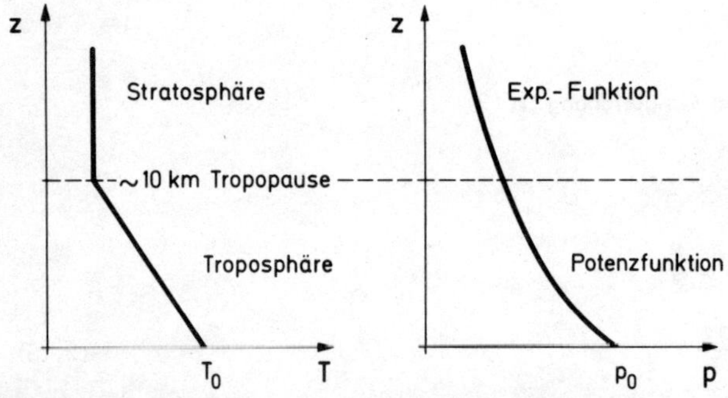

Bild 2.10 Temperatur und Druck in der Atmosphäre

2.3 Druckkraft auf ebene Behälterwände

Das zu behandelnde Thema ist wichtig zur Dimensionierung von Gefäßen, Behältern, Staumauern usw. Wir betrachten hier zunächst ebene, geneigte Wände (Bild 2.11). Für den Druck gilt

$$p = p_1 + \gamma z .$$

Wir bestimmen den Betrag der Kraft $|\vec{F}| = F$, die von der Flüssigkeit auf die Fläche

Bild 2.11 Druckkraft auf ebene, geneigte Wände

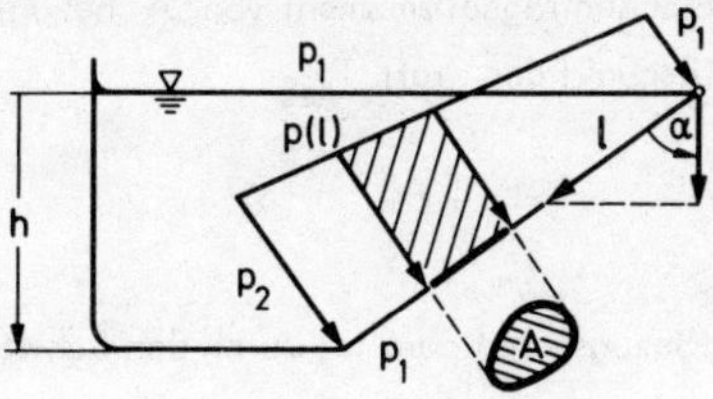

A übertragen wird. Für ein Flächenelement gilt $dF = p\,dA$, also insgesamt

$$F = \int_A p\,dA = \int_A (p_1 + \gamma z)\,dA = p_1 A + \gamma \cos\alpha \int_A \ell\,dA =$$
$$= p_1 A + \gamma \cos\alpha\, \ell_s A = p_1 A + \gamma z_s A = p_s A. \tag{2.17}$$

Hierin ist ℓ_s die Schwerpunktskoordinate von A, definiert durch

$$\int_A \ell\,dA = \ell_s A. \tag{2.18}$$

Die von der Flüssigkeit ausgeübte Kraft ist damit gleich dem Druck im Flächenschwerpunkt mal der Fläche. Falls außen der konstante Druck p_1 herrscht, ist die resultierende Kraft

$$F_{Res} = \gamma z_s A. \tag{2.19}$$

Dies ist ein einleuchtendes Ergebnis. Bei der Ermittlung der Kraft heben sich offenbar die Unterdrücke über dem Schwerpunkt mit den Überdrücken unter dem Schwerpunkt auf. Das liegt an der linearen Druckverteilung. Anders ist es bei den Momenten, die zur Bestimmung des Angriffspunktes dieser Kraft benötigt werden. Die Überdrücke unter dem Schwerpunkt haben einen größeren Hebelarm als die Unterdrücke. Demzufolge liegt der Angriffspunkt der Kraft stets unter dem Schwerpunkt. Wir führen die Rechnung nur für konstanten Außendruck p_1, d.h. für die Resultierende (2.19), vor. Der Leser kann den allgemeinen Fall sofort behandeln. Das Momentengleichgewicht bezüglich der x-Achse lautet:

$$F_{Res} \cdot \ell_m = \gamma z_s A \ell_m = \int_A (p - p_1)\,\ell\,dA = \int_A \gamma z\,\ell\,dA =$$
$$= \gamma \cos\alpha \int_A \ell^2\,dA = \gamma \cos\alpha\, J_x.$$

J_x bezeichnet das Flächenträgheitsmoment von A bezüglich der x-Achse. Also kommt für den Angriffspunkt der Kraft F_{Res}

$$\ell_m = \frac{J_x}{A\,\ell_s} \,. \tag{2.20}$$

Wir verschieben die Bezugsachse parallel durch den Schwerpunkt. Der Steinersche Satz lautet

$$J_x = J_s + A\,\ell_s^2$$

mit J_s als Flächenträgheitsmoment bezüglich der Schwerachse parallel zur x-Achse. Also wird aus (2.20)

$$\ell_m - \ell_s = \frac{J_s}{A\,\ell_s} > 0 \,, \tag{2.21}$$

womit gezeigt ist, daß der Angriffspunkt der Kraft unter dem Schwerpunkt liegt. Diese Abweichung kann beträchtlich sein. In dem Spezialfall einer rechteckigen, ebenen, vertikalen Wand (Bild 2.12) ergibt sich z.B.

$$\ell_s = \frac{h}{2} \quad , \quad \ell_m = \frac{2}{3}h \,.$$

Die vorstehenden Überlegungen ergeben sofort die Erklärung des sogenannten hydrostatischen Paradoxons (Bild 2.13). Die resultierende Kraft auf die Bodenfläche der verschiedenen Behälter hängt gemäß (2.19) nur von A, z_s und γ ab, jedoch nicht von der Gefäßform. Die auf die Bodenfläche ausgeübte Kraft ist in allen skizzierten Fällen dieselbe, obwohl das Gewicht der in den Behältern enthaltenen Flüssigkeit verschieden ist.

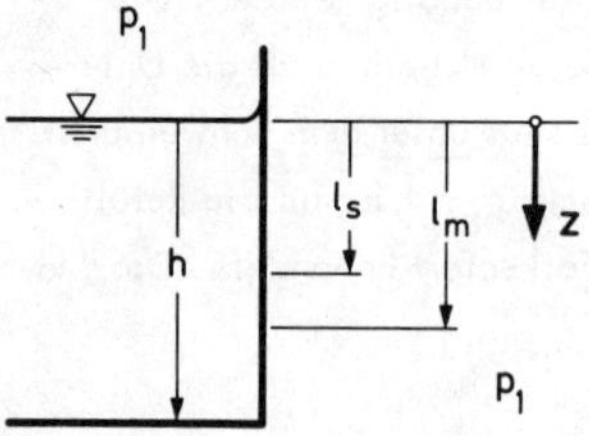

Bild 2.12 Schwerpunkt (ℓ_s) und Angriffspunkt der resultierenden Kraft (ℓ_m) für die rechteckige, ebene, vertikale Wand

---

J. Steiner, 1796-1863

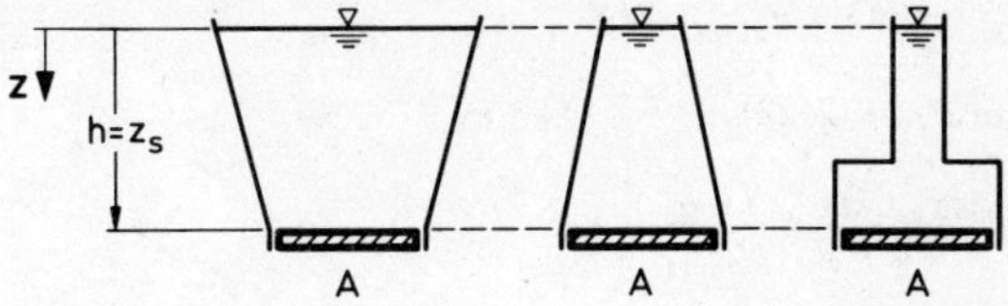

Bild 2.13 Das hydrostatische Paradoxon

2.4 Hydrostatischer Auftrieb. Druckkraft auf gekrümmte Flächen

Wir betrachten einen vollständig in einer Flüssigkeit eingetauchten Körper (Bild 2.14). Aufgrund der hydrostatischen Druckverteilung ist der Druck an der Körperunterseite größer als an der Oberseite. Daraus resultiert eine vertikal gerichtete Kraft, der Auftrieb. Die Betrachtung wird zunächst für ein Körperelement durchgeführt:

$$dF_z = p_2\, dA_2 \cos\beta - p_1\, dA_1 \cos\alpha = (p_2 - p_1)\, dA =$$

$$= \gamma_{Fl}\, h\, dA = \gamma_{Fl}\, dV\,.$$

Integration liefert

$$F_z = \gamma_{Fl} \cdot V\,, \tag{2.22}$$

d.h., der Auftrieb ist gleich dem Gewicht der verdrängten Flüssigkeit (Archimedisches Prinzip). Diese Aussage kann unmittelbar zur Ermittlung von $\gamma_{Körper}$ oder γ_{Fluid} benutzt werden. Für das Körpergewicht G gilt

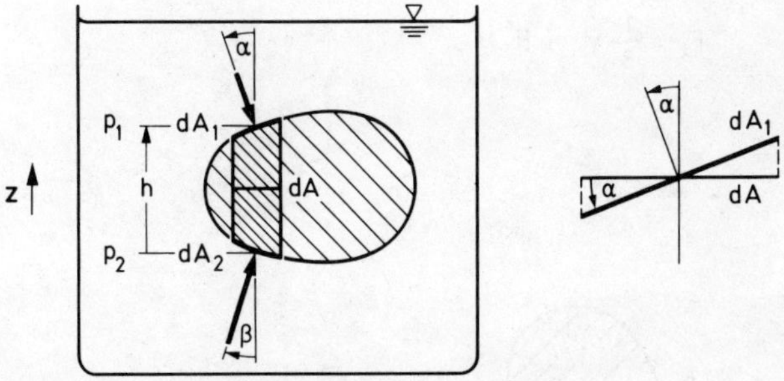

Bild 2.14 Der hydrostatische Auftrieb

Archimedes von Syrakus, 287-212 v.Chr.

$$G = \gamma_{Körper} \cdot V ,$$

also mit (2.22)

$$\frac{G}{F_z} = \frac{\gamma_{Körper}}{\gamma_{Fluid}} . \qquad (2.23)$$

Ist eines der spezifischen Gewichte bekannt, so kann das andere ermittelt werden, wenn G und F_z gemessen wurden.

Das Archimedische Prinzip gilt auch für teilweise eingetauchte Körper (Bild 2.15). Zum Beweis wird längs der Flüssigkeitsoberfläche ein Schnitt durch den Körper gelegt mit konstantem Druck p_1 längs der Schnittfläche. Das Druckintegral über den nichteingetauchten Körperteil (I) ergibt den Wert Null, da der Druck konstant ist. Was übrig bleibt, ist das Volumen des eingetauchten Teiles (= V), und damit gilt auch hier (2.22).

Das Archimedische Prinzip kann sehr einfach zur Bestimmung der Kräfte auf gekrümmte Flächen angewandt werden, da die Integration über die beliebige Körperform hier bereits ein für allemal durchgeführt wurde. Wir erläutern dies an einem einfachen Beispiel (Bild 2.16). Ein Rotationskegel weist horizontal in ein mit Flüssigkeit gefülltes Gefäß. Wir ermitteln die Komponenten F_x und F_z der auf den Kegel wirkenden Kraft. Wir schneiden den Kegel frei und erhalten die angegebene Kraftverteilung. Die lineare Druckverteilung auf dem Kegelgrundriß nehmen wir auf - einmal positiv und einmal negativ. Dadurch haben wir einerseits einen völlig eingetauchten Körper (= Kegel), auf den wir das Archimedische Prinzip anwenden können, und andrerseits eine ebene eingetauchte Fläche. Damit kommt

$$F_x = p_s \pi R^2 = (p_1 + \gamma_{Fl} \, \ell) \pi R^2 ,$$

$$F_z = \frac{1}{3} \gamma_{Fl} \pi R^2 H .$$

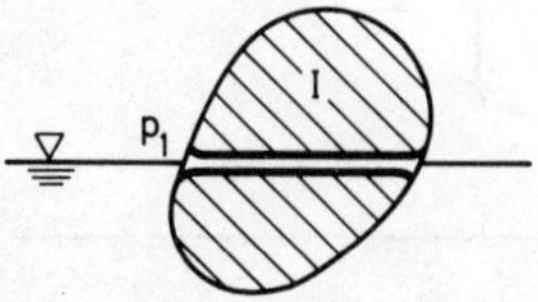

Bild 2.15 Das Archimedische Prinzip für den teilweise eingetauchten Körper

Bild 2.16 Bestimmung der Kraft auf gekrümmte Flächen

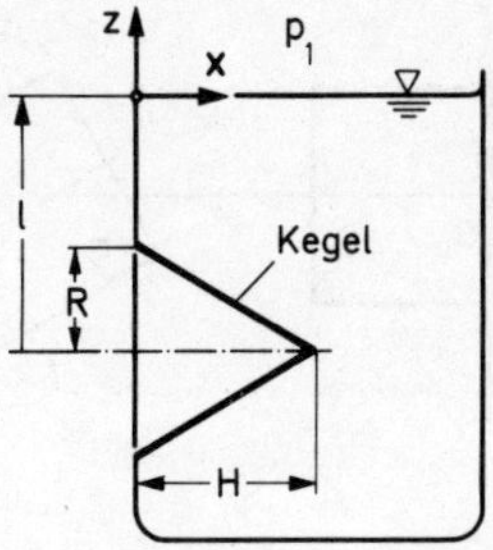

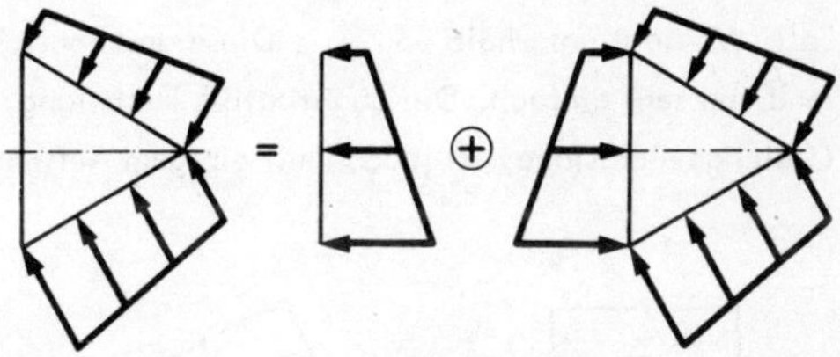

Eine weitere Anwendung betrifft das Schwimmen eines Körpers in einer Flüssigkeit. In diesem Fall handelt es sich um das Kräftegleichgewicht zwischen Auftrieb und Gewicht des Körpers. Bild 2.17 veranschaulicht dies. S_K ist der Körperschwerpunkt, während S_V den Schwerpunkt der verdrängten Flüssigkeit bezeichnet. Im allgemeinen ist $S_K \neq S_V$, da die Massen ungleich verteilt sein können oder der Körper nur teilweise eingetaucht ist. Daher entsteht die Frage nach der Stabilität dieses Gleichgewichtszustandes. Wir bringen hierzu den Körper geringfügig aus der Gleichgewichtslage heraus und diskutieren das Rückstellmoment der Auftriebskraft. In Bild 2.18 wird ein stabiler Fall betrachtet. Der Auftrieb liefert ein rückdrehendes Moment. Stabilität liegt offenbar immer dann vor, wenn das Metazentrum M oberhalb des Körperschwerpunktes liegt. M ist der Schnittpunkt der Wirkungslinie

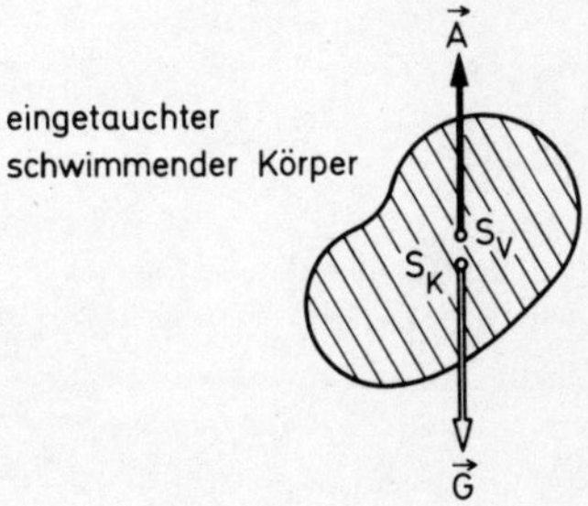

Bild 2.17 Kräftegleichgewicht beim Schwimmen

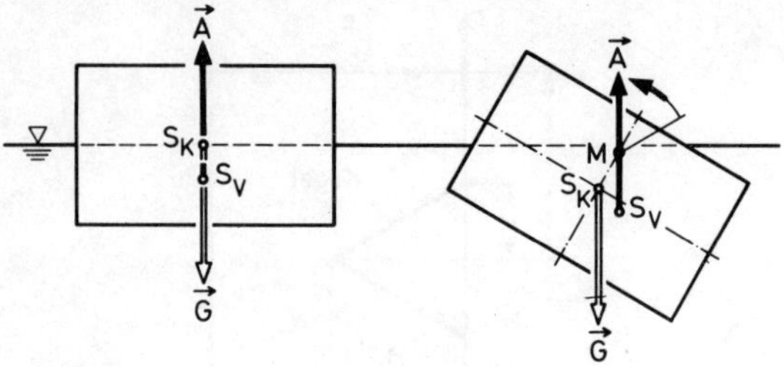

Bild 2.18 Stabiles Gleichgewicht beim Schwimmen

des Auftriebs mit der Hochachse des Körpers. Bild 2.19 illustriert einen instabilen Fall. M liegt unterhalb von S_K. Diese anschaulichen Betrachtungen sind einleuchtend und sehr einfach. Die quantitative Ermittlung, z.B. der Schwingungen um die Gleichgewichtslage, ist jedoch mit einigem Aufwand verbunden.

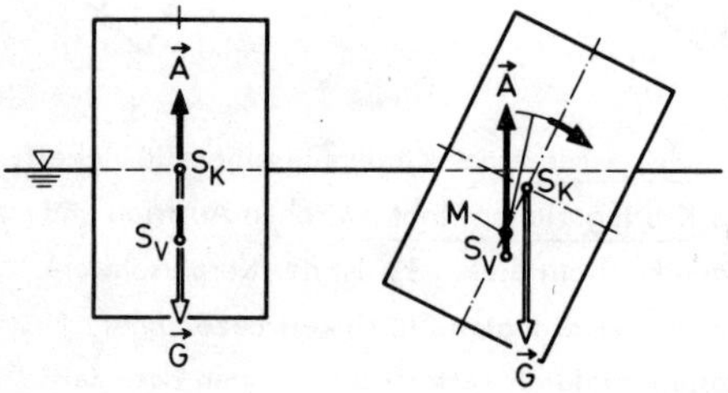

Bild 2.19 Instabiles Gleichgewicht beim Schwimmen

3. Hydro- und Aerodynamik

3.1 Stromfadentheorie

3.1.1 Grundbegriffe

Für ein bewegtes Medium sind zu bestimmen

$$\vec{w} = (u, v, w),\ p,\ \rho,\ T. \tag{3.1}$$

Hierzu stehen - wie bereits einleitend hervorgehoben - sechs Gleichungen zur Verfügung. Im folgenden werden Spezialfälle dieser Gleichungen zum Studium der Bewegung untersucht. Die Gesamtheit der Größen (3.1) in dem betrachteten Raum- und Zeitbereich beschreibt ein Strömungsfeld. Dieses Feld heißt stationär, wenn alle Größen (3.1) nur Funktionen der Ortskoordinaten sind. Das Feld heißt dagegen instationär, wenn die Zeit als zusätzliche Variable auftritt.

Es gibt zwei verschiedene Beschreibungsmöglichkeiten für Strömungsfelder.

1. Lagrangesche Methode (massen- oder teilchenfeste Betrachtung)
Hierbei wird das einzelne Teilchen bei seiner Bewegung im Raum verfolgt. Die jeweilige Position des Teilchens ist eine Funktion der Anfangslage

$$\vec{r}_0 = (a, b, c)$$

und der Zeit t. Die Teilchenbahn (Bild 3.1) schreibt sich damit in der Form

$$\vec{r} = \vec{r}(\vec{r}_0, t). \tag{3.2}$$

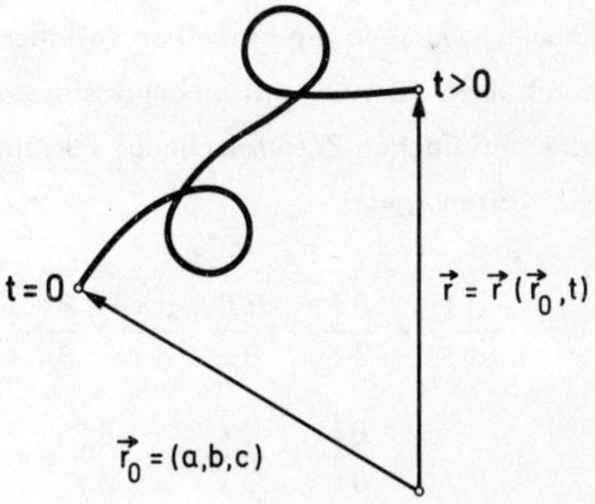

Bild 3.1 Bewegung längs der Teilchenbahn

J.L. Lagrange, 1736-1812

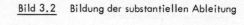

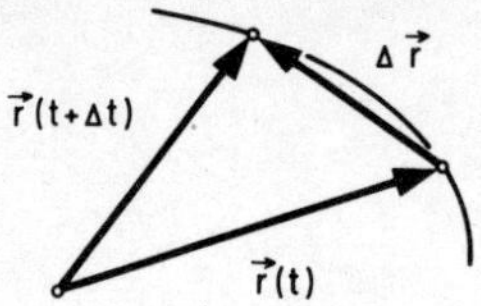

Bild 3.2 Bildung der substantiellen Ableitung

Für die Geschwindigkeit $\vec{w}$ und die Beschleunigung $\vec{b}$ ergeben sich die folgenden materiellen oder substantiellen Ableitungen (Bild 3.2):

$$\vec{w} = \lim_{\Delta t \to 0} \frac{\Delta \vec{r}}{\Delta t} = \lim_{\Delta t \to 0} \frac{\vec{r}(t+\Delta t) - \vec{r}(t)}{\Delta t} = \left(\frac{\partial \vec{r}}{\partial t}\right)_{a,b,c} = \frac{d\vec{r}}{dt}\,, \tag{3.3}$$

$$\vec{b} = \left(\frac{\partial^2 \vec{r}}{\partial t^2}\right)_{a,b,c} = \frac{d^2 \vec{r}}{dt^2}\,. \tag{3.4}$$

Der Index a,b,c bedeutet, daß die Ableitung bei fester Anfangslage, also für ein und dasselbe Teilchen, durchgeführt wird. Die hierzu erforderlichen Messungen sind jedoch schwer zu realisieren. Man müßte sozusagen das Meßgerät mitfliegen lassen. Dagegen ist diese Beschreibung gut geeignet für Größen, die fest mit dem jeweiligen Teilchen verbunden sind. Z.B. ist die unten eingeführte Wirbelstärke eine solche Größe. Alle Erhaltungssätze (Masse, Impuls und Energie) werden am besten so formuliert.

2. Eulersche Methode (ortsfeste Betrachtung)

Hierbei betrachten wir die Änderung der Strömungsgrößen an einer festen Stelle des Raumes, während die einzelnen Teilchen vorbeiziehen. Dies entspricht dem Vorgehen bei der Messung mit einem ortsfesten Meßgerät. Beide Darstellungen stehen in einem einfachen Zusammenhang. Für eine Teilcheneigenschaft $f(x,y,z,t)$ liefert die Kettenregel

$$\begin{aligned} \frac{df}{dt} &= \frac{\partial f}{\partial t} + \frac{\partial f}{\partial x}\cdot\frac{dx}{dt} + \frac{\partial f}{\partial y}\,\frac{dy}{dt} + \frac{\partial f}{\partial z}\,\frac{dz}{dt} = \\ &= \frac{\partial f}{\partial t} + \frac{\partial f}{\partial x}\,u + \frac{\partial f}{\partial y}\,v + \frac{\partial f}{\partial z}\,w = \\ &= \frac{\partial f}{\partial t} + \vec{w}\,\mathrm{grad}\,f\,. \end{aligned} \tag{3.5}$$

Hier steht auf der linken Seite die substantielle Änderung, während rechts an erster Stelle die lokale Änderung auftritt. Der Unterschied beider wird durch den konvektiven Ausdruck $\vec{w}\,\mathrm{grad}\,f$ gebildet. Er beschreibt in einfacher Weise den Einfluß des Geschwindigkeitsfeldes. Am Beispiel $f = T$, d.h.

$$\frac{dT}{dt} = \frac{\partial T}{\partial t} + \vec{w}\,\mathrm{grad}\,T ,$$

kann man sich dies sehr leicht veranschaulichen.

Teilchenbahnen sind Kurven, die die Teilchen im Lauf der Zeit durcheilen. Ihre Differentialgleichung ergibt sich aus (3.2) und (3.3) zu

$$\frac{d\vec{r}}{dt} = \vec{w} ,$$

d.h.

$$\frac{dx}{dt} = u(x,y,z,t) , \quad \frac{dy}{dt} = v(x,y,z,t) , \quad \frac{dz}{dt} = w(x,y,z,t) . \tag{3.6}$$

Ist die Geschwindigkeit $\vec{w}$ bekannt, so ergeben sich die Teilchenbahnen durch Integration.

Stromlinien sind Kurven, die zu jedem festen Zeitpunkt auf das Geschwindigkeitsfeld passen. Sie stellen ein momentanes Bild des Geschwindigkeitsfeldes dar (Bild 3.3). Zu einem späteren Zeitpunkt kann die Gestalt der Stromlinien ganz anders sein. Die Differentialgleichung in der (x,y)-Ebene lautet (Bild 3.4)

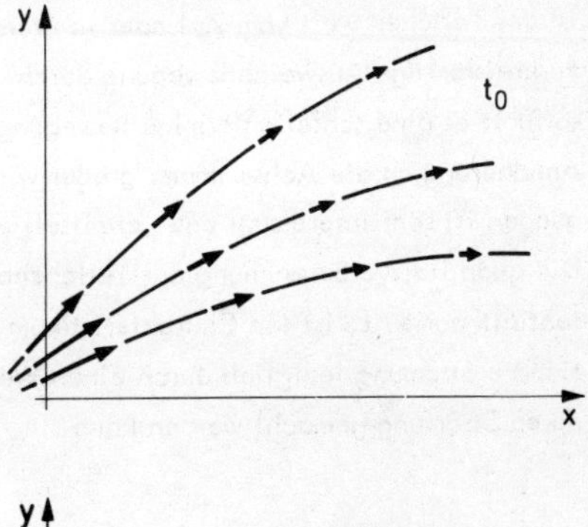

Bild 3.3 Stromlinien als momentanes Bild des Geschwindigkeitsfeldes

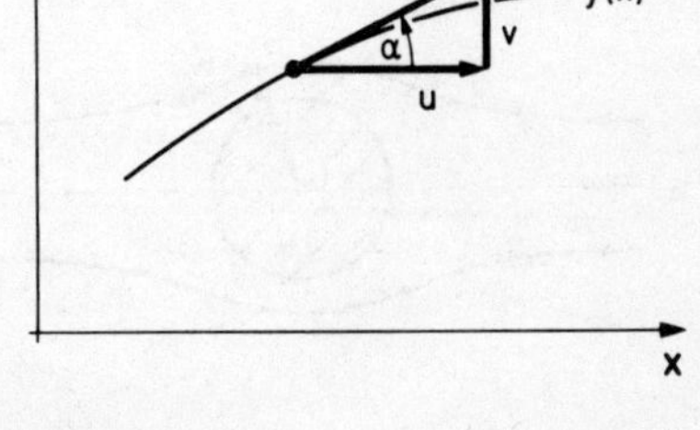

Bild 3.4 Zur Differentialgleichung der Stromlinien

$$\frac{dy}{dx} = \frac{v(x,y,z,t)}{u(x,y,z,t)} .$$

t spielt hier die Rolle eines Parameters. Allgemein kann man die Differentialgleichungen in der folgenden Beziehung zusammenfassen

$$dx : dy : dz = u(x,y,z,t) : v(x,y,z,t) : w(x,y,z,t). \tag{3.7}$$

Bei stationären Strömungen fallen die Teilchenbahnen mit den Stromlinien zusammen. In (3.7) tritt dann keine Zeitabhängigkeit mehr auf. Bei instationären Strömungen unterscheiden sich dagegen im allgemeinen die beiden Kurvensysteme. Wir erläutern diese Problematik an einem einfachen Beispiel.

Wir betrachten die Umströmung eines ruhenden Zylinders mit der Anströmung u_∞ (Bild 3.5). Der Beobachter befinde sich auf dem Zylinder. Es handelt sich um eine stationäre Strömung. Die Teilchenbahnen stimmen mit den Stromlinien überein. Wir nehmen jetzt einen Wechsel des Bezugssystems vor, und zwar bewegen wir den Beobachter mit der Anströmung mit. Der Zylinder bewegt sich dann von rechts nach links mit der Geschwindigkeit $-u_\infty$. Jetzt handelt es sich um eine instationäre Strömung. Der Zylinder schiebt bei seiner Bewegung das Medium vor sich her, er drängt es dabei zur Seite und läßt es schließlich hinter sich. Bild 3.6 zeigt zu zwei verschiedenen Zeiten die Momentanbilder der Stromlinien sowie eine Teilchenbahn. In Bild 3.7 sind einige Teilchenbahnen für verschiedene Anfangslagen gezeichnet. Ist das Teilchen weit vom Zylinder in Querrichtung entfernt, so führt es eine nahezu kreisförmige Ausweichbewegung durch. Nähert man das Teilchen dem Zylinder, so führt es eine schleifenförmige Bewegung aus, deren horizontale Erstreckung bei Annäherung an die Achse immer größer wird. Die Diskussion dieser Teilchenbewegungen ist sehr interessant und vermittelt viele Einsichten in die Strömungslehre. Die quantitative Berechnung der Teilchenbahnen benutzt die unten entwickelte Potentialtheorie. Es ist ein Charakteristikum des behandelten Beispiels, daß die instationäre Strömung lediglich durch einen Wechsel des Bezugssystems zu einer stationären Strömung gemacht werden kann.

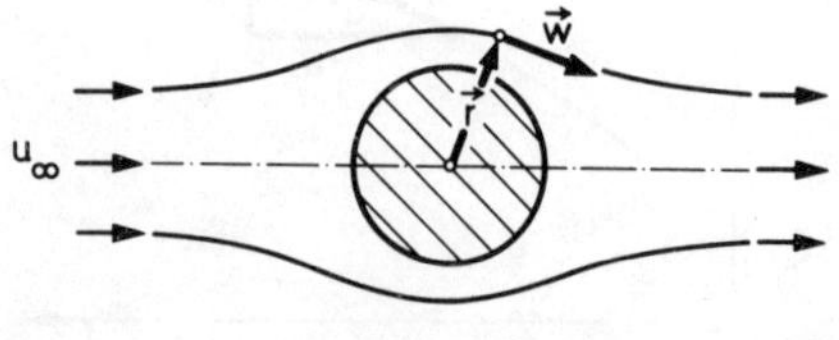

Bild 3.5 Stationäre Umströmung des Kreiszylinders

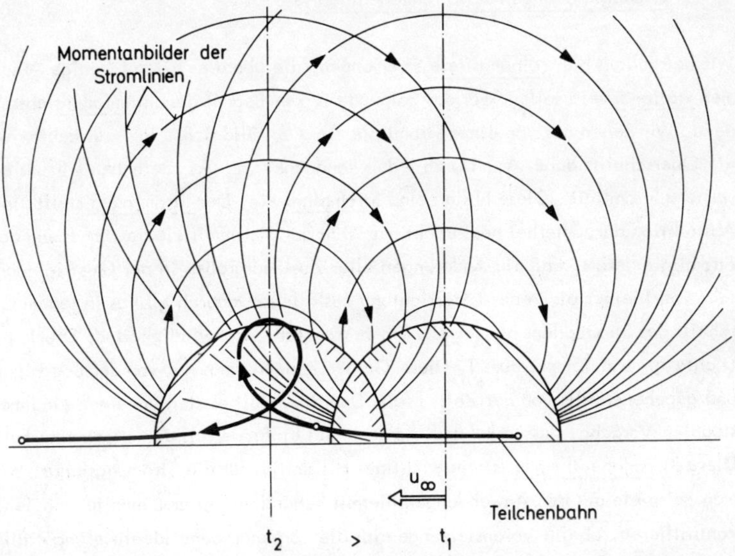

Bild 3.6 Instationäre Strömung bei Bewegung des Zylinders. Momentanbilder der Stromlinien sowie Teilchenbahn

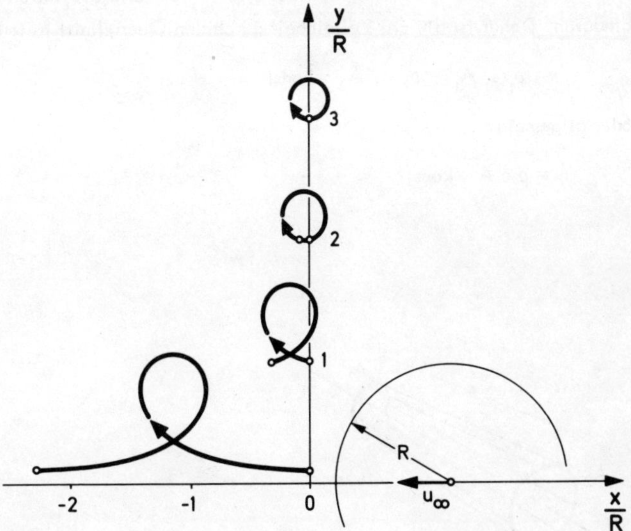

Bild 3.7 Verschiedene Teilchenbahnen bei der Zylinderbewegung

3.1.2 Grundgleichungen der Stromfadentheorie

Wir betrachten hier reibungsfreie Strömungen, die überdies bis auf wenige Ausnahmen stationär sein sollen. Für das Folgende ist der Begriff des Stromfadens entscheidend. Wir gehen aus von einer Stromlinie $1 \rightarrow 2$ (Bild 3.8). In 1 betrachten wir die Querschnittfläche A_1. Durch jeden Randpunkt von A_1 zeichnen wir uns eine weitere Stromlinie. Diese hüllen eine Stromröhre ein. Der Stromfaden stellt eine Abstraktion dar. Hierbei beschränkt man sich auf die unmittelbare Umgebung der Stromlinie derart, daß die Änderungen aller Zustandsgrößen in der Querrichtung sehr viel kleiner als in der Längsrichtung ausfallen. Dadurch gibt es in jedem Querschnitt des Stromfadens nur jeweils einen Wert für Geschwindigkeit c, Druck p, Dichte ρ und Temperatur T. Diese Größen hängen dann nur von der Bogenlänge s und gegebenenfalls von der Zeit t ab. Damit handelt es sich um einen eindimensionalen Vorgang, dessen Behandlung sehr viel einfacher als der allgemeine Fall ist. Diese Stromfadentheorie ist ein wichtiges Hilfsmittel für die Strömungslehre. Will man Beispiele aus den Anwendungen hiermit behandeln, so muß man jedoch genau kontrollieren, ob die Voraussetzungen für die vorgenommene Idealisierung erfüllt sind. Insbesondere ist zu prüfen, ob die Änderungen der Zustandsgrößen in Querrichtung wirklich sehr viel kleiner als in Längsrichtung sind.

1. Kontinuitätsgleichung (Konstanz des Massenstromes)

Der Mantel des Stromfadens besteht aus Stromlinien (Bild 3.8). Durch ihn tritt nichts hindurch. Daher ist die pro Zeiteinheit durch den Querschnitt tretende Masse

$$\dot{m} = \rho_1 c_1 A_1 = \rho_2 c_2 A_2 = \text{konst}$$

oder allgemein

$$\dot{m} = \rho c A = \text{konst.} \tag{3.8}$$

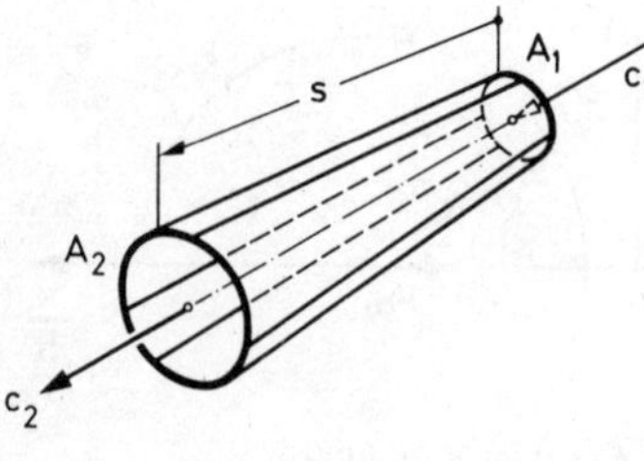

Bild 3.8 Definition des Stromfadens

2a. Kräftegleichgewicht in Richtung des Stromfadens

Bei der folgenden Betrachtung am infinitesimalen Stromfadenelement kann die Querschnittsänderung vernachlässigt werden. Sie liefert Glieder höherer Ordnung in den Differentialen. Wir wenden das Newtonsche Grundgesetz an (Bild 3.9):

$$\text{Masse} \times \text{Beschleunigung} = \text{Summe der angreifenden Kräfte.} \qquad (3.9)$$

Hierin ist

$$\text{Masse} = dm = \rho\, dA\, ds,$$

$$\text{Beschleunigung} = \frac{dc}{dt} = \frac{\partial c}{\partial t} + \frac{\partial c}{\partial s} \cdot \frac{ds}{dt} = \frac{\partial c}{\partial t} + c\,\frac{\partial c}{\partial s},$$

angreifende Kräfte = Druckkräfte + Gewicht =

$$= -\frac{\partial p}{\partial s}\, dA\, ds + \rho g\, dA\, ds \cos\varphi = -\left(\frac{\partial p}{\partial s} + \rho g \frac{\partial z}{\partial s}\right) dA\, ds.$$

(3.9) liefert die Eulersche Gleichung für den Stromfaden

$$\frac{dc}{dt} = \frac{\partial c}{\partial t} + c\,\frac{\partial c}{\partial s} = -\frac{1}{\rho}\frac{\partial p}{\partial s} - g\,\frac{\partial z}{\partial s}. \qquad (3.10)$$

Für stationäre Strömungen sind alle Größen nur Funktionen von s:

$$c\,\frac{dc}{ds} = \frac{d}{ds}\left(\frac{c^2}{2}\right) = -\frac{1}{\rho}\frac{dp}{ds} - g\,\frac{dz}{ds}. \qquad (3.11)$$

Eine Integration längs des Stromfadens von $1 \rightarrow 2$ ergibt

$$\frac{1}{2}(c_2^2 - c_1^2) + \int_{p_1}^{p_2} \frac{dp}{\rho} + g(z_2 - z_1) = 0. \qquad (3.12a)$$

Betrachten wir den Endzustand (2) als variabel, so wird

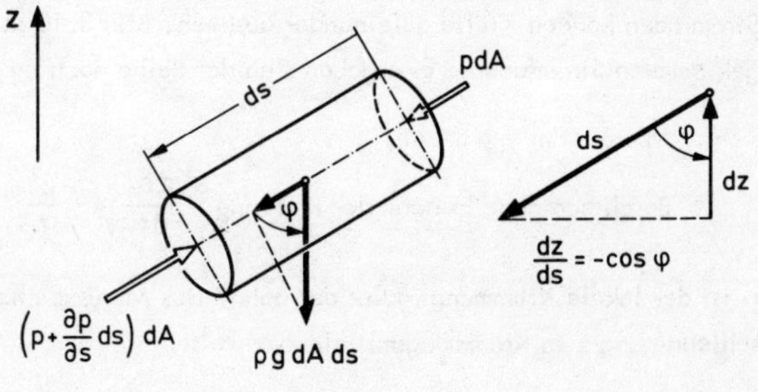

Bild 3.9 Kräftegleichgewicht in Richtung des Stromfadens

$$\frac{c^2}{2} + \int^{p} \frac{dp}{\rho} + g\,z = \text{konst}\,. \tag{3.12b}$$

Die Konstante faßt hierin die drei links stehenden Terme im Ausgangszustand (1) zusammen. Sie ist für alle Punkte des Stromfadens dieselbe, kann sich jedoch von Stromfaden zu Stromfaden ändern. (3.12) heißt Bernoulli-Gleichung und liefert einen wichtigen Zusammenhang zwischen Geschwindigkeit und Druck.

Für instationäre Strömungen tritt in der Bernoulli-Gleichung links das Zusatzglied

$$\int_1^2 \frac{\partial c}{\partial t}\, ds \tag{3.13}$$

auf. Die Integration ist hier bei festem t längs der Stromlinie von $1 \rightarrow 2$ durchzuführen. Dieser Ausdruck muß oft abgeschätzt und mit den in (3.12a) auftretenden Termen verglichen werden, um sicher zu sein, daß man stationär rechnen darf.

In der Bernoulli-Gleichung (3.12b) hat jedes Glied die Dimension einer Energie pro Masse. Dennoch handelt es sich hier nicht um den Energiesatz, sondern um ein Integral der Bewegungsgleichung. In der Kontinuumsmechanik ist dies wesentlich. Zur Auswertung des Integrals

$$\int_{p_1}^{p_2} \frac{dp}{\rho} \tag{3.14}$$

in (3.12a) muß aus einer Energiebilanz bekannt sein, was für eine Zustandsänderung von $1 \rightarrow 2$ erfolgt. Wir kommen darauf zurück.

2b. Kräftegleichgewicht senkrecht zum Stromfaden

Stromfäden können Kräfte aufeinander ausüben. Bild 3.10 skizziert den Fall eines gekrümmten Stromfadens. Es ergeben sich der Reihe nach

Masse = $dm = \rho\, dA\, dn$,

Beschleunigung in normaler Richtung $= \dfrac{dc_n}{dt} = -\dfrac{c^2}{r}$.

r ist der lokale Krümmungsradius der Bahn. Das Minuszeichen tritt auf, da die Beschleunigung zum Krümmungsmittelpunkt weist.

Bild 3.10 Kräftegleichgewicht senkrecht zum Stromfaden

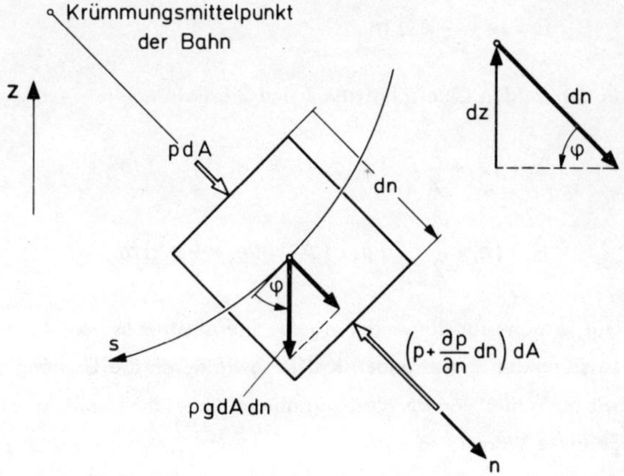

$$\text{Angreifende Kräfte} = -\frac{\partial p}{\partial n}\, dA\, dn + \rho g\, dA\, dn \sin\varphi =$$

$$= -\left(\frac{\partial p}{\partial n} + \rho g \frac{\partial z}{\partial n}\right) dA\ dn\,.$$

Damit kommt

$$\frac{c^2}{r} = \frac{1}{\rho}\frac{\partial p}{\partial n} + g\frac{\partial z}{\partial n}\,. \tag{3.15}$$

Ohne Schwerkraft haben wir ein Gleichgewicht zwischen Fliehkraft und Druckkraft:

$$\frac{c^2}{r} = \frac{1}{\rho}\frac{\partial p}{\partial n}\,, \tag{3.16}$$

d.h., in radialer Richtung steigt der Druck an. Dieser Druckanstieg hält der Zentrifugalkraft das Gleichgewicht.

3. Energiesatz für die stationäre Stromfadenströmung

Wir fassen die innere Energie (e) und die kinetische Energie ($1/2\,c^2$) pro Masseneinheit zusammen:

$$e + \frac{1}{2}c^2\,. \tag{3.17}$$

Der Energiestrom im Stromfaden wird damit

$$\dot{E} = (e + \frac{1}{2} c^2)\, \dot{m} \ . \tag{3.18}$$

In den beiden Querschnitten 1 und 2 erhalten wir:

$$\dot{E}_1 = (e_1 + \frac{1}{2} c_1^2)\, \rho_1\, c_1\, A_1 = (e_1 + \frac{1}{2} c_1^2)\, \dot{m} \ , \tag{3.19a}$$

$$\dot{E}_2 = (e_2 + \frac{1}{2} c_2^2)\, \rho_2\, c_2\, A_2 = (e_2 + \frac{1}{2} c_2^2)\, \dot{m} \ . \tag{3.19b}$$

Die Ursache für die Änderung des Energiestromes von $1 \rightarrow 2$ ist gegeben durch die Leistung der angreifenden Kräfte sowie durch die Leistung des Wärmestromes. Sehen wir auch hier von der Reibung ab und bezeichnen mit q die der Masseneinheit zugeführte Wärme, so wird

$$\dot{E}_2 - \dot{E}_1 = p_1\, A_1\, c_1 - p_2\, A_2\, c_2 + g\,(z_1 - z_2)\, \dot{m} + q\, \dot{m} \ . \tag{3.20}$$

Mit (3.19a, b) kommt

$$e_2 + \frac{p_2}{\rho_2} + \frac{1}{2} c_2^2 + g\, z_2 = e_1 + \frac{p_1}{\rho_1} + \frac{1}{2} c_1^2 + g\, z_1 + q \tag{3.21a}$$

oder mit der Enthalpie $i = e + p/\rho$

$$i_2 + \frac{1}{2} c_2^2 + g\, z_2 = i_1 + \frac{1}{2} c_1^2 + g\, z_1 + q \ . \tag{3.21b}$$

Nehmen wir den Endzustand (2) wieder als variabel, so wird

$$i + \frac{1}{2} c^2 + g\, z - q = \text{konst} \ . \tag{3.22}$$

Diese Gleichung hat eine bemerkenswerte Verwandtschaft mit der Bernoulli-Gleichung (3.12b), mit der sie aber nur in Spezialfällen übereinstimmt. Wir kommen darauf zurück.

Wir fassen das Ergebnis zusammen. Längs des Stromfadens (s) haben wir die folgenden drei nichtlinearen Gleichungen für die Variablen c, p und ρ :

$$\dot{m} = \rho\, c\, A = \text{konst} \ , \tag{3.8}$$

$$\frac{1}{2} c^2 + \int^{p} \frac{dp}{\rho} + g\, z = \text{konst} \ , \tag{3.12b}$$

$$\frac{1}{2} c^2 + i + g\, z - q = \text{konst} \ . \tag{3.22}$$

A und q werden hierin als bekannt angesehen. Die Enthalpie i ist durch die Thermodynamik auf p und ρ zurückzuführen. Das Kräftegleichgewicht normal zum Stromfaden liefert die Druckänderung $\partial p/\partial n$, wenn mit dem obigen System c(s) und $\rho(s)$ ermittelt wurden.

Anstelle der drei Grundgleichungen (3.8), (3.12b) und (3.22) kann man natürlich auch zu Kombinationen von ihnen übergehen. Subtrahiert man z.B. (3.12b) von (3.22), kommt

$$i - \int^{p} \frac{dp}{\rho} - q = \text{konst} \; .$$

Dem entspricht in Differentialform

$$di - \frac{dp}{\rho} = dq \; ,$$

d.h. es kommt der erste Hauptsatz der Thermodynamik, der dann an die Stelle des Energiesatzes tritt. Wird keine Wärme zu- oder abgeführt, so ist (3.12b) mit (3.22) identisch. Dies ist der wichtige Spezialfall, in dem die Bernoulli-Gleichung mit dem Energiesatz übereinstimmt. Der Unterschied beider Gleichungen wird erst dann wesentlich, wenn Energieanteile auftreten, die in der Bewegungsgleichung nicht enthalten sind. Als Beispiele seien angeführt: Wärmezu- oder -abfuhr, Wärmeleitungsvorgänge, Strahlungsanteile.

Für einfache Zustandsänderungen können wir das in (3.12b) auftretende Integral leicht ermitteln.

<u>Isobar</u>: p = konst, $$\int_1^2 \frac{dp}{\rho} = 0. \qquad (3.23a)$$

Es kommt der Energiesatz der Massenpunktmechanik:

kinetische + potentielle Energie = konst.

<u>Isochor</u>: ρ = konst, $$\int_1^2 \frac{dp}{\rho} = \frac{p_2 - p_1}{\rho} = \frac{\Delta p}{\rho} \; . \qquad (3.23b)$$

<u>Isotherm</u>: T = konst.

Die ideale Gasgleichung führt zu

$$\frac{dp}{\rho} = \mathbb{R}\,T\,\frac{d\rho}{\rho} \; , \qquad \int_1^2 \frac{dp}{\rho} = \mathbb{R}\,T \ln \frac{\rho_2}{\rho_1} \; . \qquad (3.23c)$$

Isentrop: Die reversible Adiabate $\frac{p}{p_1} = \left(\frac{\rho}{\rho_1}\right)^{\varkappa}$,

$$\int_1^2 \frac{dp}{\rho} = \frac{p_1^{\frac{1}{\varkappa}}}{\rho_1} \int_1^2 \frac{dp}{p^{\frac{1}{\varkappa}}} = -\frac{\varkappa}{\varkappa-1} \frac{p_1}{\rho_1} \left[1 - \left(\frac{p_2}{p_1}\right)^{\frac{\varkappa-1}{\varkappa}}\right] . \qquad (3.23d)$$

3.1.3 Stromfadentheorie in Einzelausführungen

In diesem Abschnitt werden wir ausführlich u.a. ein breites Spektrum von Beispielen behandeln. Dadurch versteht man viele typische Einzelheiten der Strömungslehre, auf die wir später immer wieder zurückgreifen.

1. Bewegung auf konzentrischen Kreisbahnen (Wirbel)

Die Bewegung erfolge in einer Horizontalebene. Dann können wir von der Schwerkraft absehen. Wegen der Drehsymmetrie hängen alle Größen nur von r und nicht vom Polarkoordinatenwinkel φ ab. In radialer Richtung gilt (3.16):

$$\frac{c^2}{r} = \frac{1}{\rho} \frac{dp}{dr} \qquad (3.24)$$

und in Umfangsrichtung (3.12b):

$$\frac{1}{2} c^2 + \int^{p} \frac{dp}{\rho} = f(r) . \qquad (3.25)$$

Hier ist berücksichtigt, daß die Gesamtenergie $f(r)$ grundsätzlich im Stromfeld von r abhängen kann. Setzen wir unten $f(r) \equiv \text{konst}$ voraus, so beschränken wir uns auf isoenergetische Strömungen. Mit dieser zusätzlichen Voraussetzung werden durch die Bernoulli-Gleichung auch die Zustände auf verschiedenen Stromlinien miteinander verknüpft. Die Kontinuitätsgleichung liefert hier keine Aussage, da $A = A(r)$ durch die Aufgabenstellung nicht gegeben ist. (3.24) und (3.25) sind zwei Gleichungen für c, p und ρ . Die Thermodynamik liefert mit einer Vorschrift über die Art der Zustandsänderung die fehlende Bedingung.

Für isoenergetische Strömungen gibt (3.25) mit (3.24)

$$0 = c \frac{dc}{dr} + \frac{1}{\rho} \frac{dp}{dr} = c \frac{dc}{dr} + \frac{c^2}{r} ,$$

d.h.

$$\frac{dc}{dr} = -\frac{c}{r}$$

mit der Lösung $(r = r_1\,,\ c = c_1)$

$$c = \frac{c_1\, r_1}{r}\ . \tag{3.26}$$

Dies ist eine hyperbolische Geschwindigkeitsverteilung $c \sim 1/r$. Man spricht von einem sogenannten Potentialwirbel. Für die Berechnung des Druckes beschränken wir uns auf isochore Vorgänge. (3.24) liefert

$$\frac{1}{\rho}\,\frac{dp}{dr} = \frac{c^2}{r} = \frac{c_1^2\, r_1^2}{r^3}$$

mit der Lösung $(r = r_1\,,\ p = p_1)$

$$p = p_1 + \frac{\rho}{2}\, c_1^2\, r_1^2 \left(\frac{1}{r_1^2} - \frac{1}{r^2}\right)\ . \tag{3.27}$$

Geschwindigkeit und Druck variieren im Potentialwirbel gegenläufig. Dies ist eine typische Aussage der Bernoulli-Gleichung (Bild 3.11). In der Nähe des Nullpunktes wachsen beide Größen beliebig an, was eine Folge unserer Voraussetzungen, insbesondere der Reibungsfreiheit, ist. Wir gebrauchen (3.26) und (3.27) nur für $r \geqq r_1$. Bei einem zähen Strömungsmedium spielt in der Nähe von $r = 0$ die Reibung die entscheidende Rolle. Die Schubspannungen würden dort bei einer dem Potentialwirbel entsprechenden Geschwindigkeitsverteilung beliebig anwachsen. Die Natur hilft sich sozusagen selbst, und das Medium rotiert statt dessen wie ein starrer Körper (Winkelgeschwindigkeit ω = konst, Schubspannung $\tau\,(r) \equiv 0$):

$$c = \omega r = \frac{c_1}{r_1}\, r\ . \tag{3.28}$$

Zur Berechnung des zugehörigen Druckes können wir die Kräftegleichung in radialer Richtung (3.24) benutzen. Die Beziehung (3.24) kann darüber hinaus immer dann benutzt werden, wenn die Reibung nur durch Schubspannungen in tangentialer und nicht in normaler Richtung eingeht.

$$\frac{1}{\rho}\,\frac{dp}{dr} = \frac{c_1^2}{r_1^2}\, r$$

führt zu der Lösung $(r = r_1\,,\ p = p_1)$

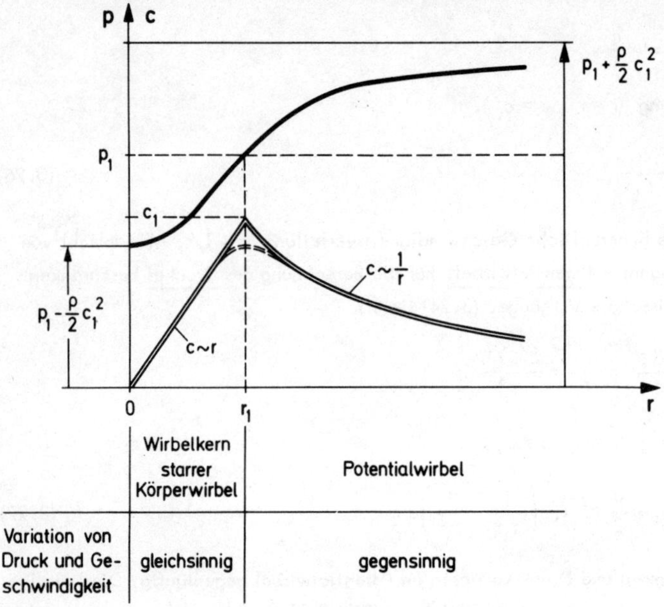

Bild 3.11 Geschwindigkeit und Druck im Wirbel

$$p = p_1 + \frac{\rho}{2} \frac{c_1^2}{r_1^2} \left(r^2 - r_1^2 \right) , \qquad r \leqq r_1 . \tag{3.29}$$

Die Druckverteilung (3.29) geht bei $r = r_1$ mit stetiger Tangente in (3.27) über. Für $r < r_1$ variieren Geschwindigkeit und Druck gleichsinnig. Im sogenannten Wirbelkern kann ein erheblicher Unterdruck auftreten. Wir kommen darauf zurück. Eine Aussage über die Größe von r_1 ist ohne explizite Berücksichtigung der Reibung nicht möglich.

2. Wirbelquell- oder Wirbelsenkenströmung

Für den Potentialwirbel gilt für die Umfangsgeschwindigkeit

$$c_u = \frac{c_{u_1} \, r_1}{r} . \tag{3.30}$$

Genauso gilt für die Quelle oder Senke für die Radialgeschwindigkeit, wie wir später nachtragen,

$$c_r = \frac{c_{r_1}\, r_1}{r} \quad . \tag{3.31}$$

Überlagern wir beide Einzelfelder, so wird

$$c = \sqrt{c_r^2 + c_u^2} = \sqrt{c_{u_1}^2 + c_{r_1}^2}\; \frac{r_1}{r} = \frac{\text{konst}}{r} \quad . \tag{3.32}$$

Auch in diesem Fall gilt $c \sim 1/r$. Die Bestimmung der Stromlinien erläutert Bild 3.12. Es ist

$$\tan\alpha = \frac{c_r}{c_u} = \frac{c_{r_1}}{c_{u_1}} = \text{konst} = \frac{dr}{r\,d\varphi} \quad .$$

Die Integration führt auf logarithmische Spiralen $(r = r_1 \; , \; \varphi = \varphi_1)$

$$r = r_1 \exp \frac{c_{r_1}}{c_{u_1}} (\varphi - \varphi_1) \; . \tag{3.33}$$

Bild 3.13 erläutert die verschiedenen Fallunterscheidungen, was den Drehsinn bzw. die Quell- oder Senkeneigenschaft angeht. Solche Wirbelströmungen treten in Natur und Technik sehr häufig auf, wobei die Größenordnungen ganz unterschiedlich sein können. Wir erinnern an Wirbelstürme, Hoch- und Tiefdruckgebiete der Meteorologie sowie Spiralnebel der Astrophysik. Als einfaches Anwendungsbeispiel führen wir die Strömung in einem Zyklon an. In Bild 3.14 ist ein solches Gerät im Grund- und Seitenriß skizziert. Ein mit Partikeln beladener Gasstrom (z.B. staubhaltige Luft) tritt tangential bei A in eine Kreisbahn. Es kommt zu einer Wirbelsenkenströmung, bei der das Gas im Tauchrohr B abgesaugt wird, während die Teilchen durch die Zentrifugalkraft nach außen geschleudert und unten aufgefangen werden. Die früher angeführte radiale Druckdifferenz spielt dabei eine erhebliche Rolle.

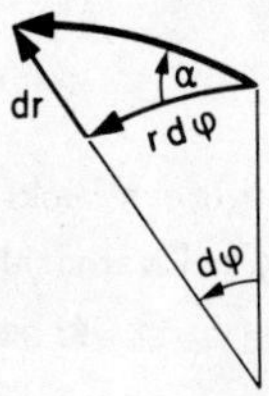

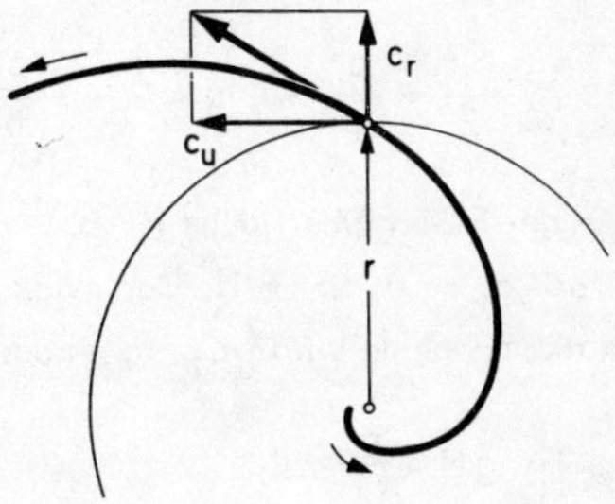

Bild 3.12
Bestimmung der Stromlinien der Wirbelquelle

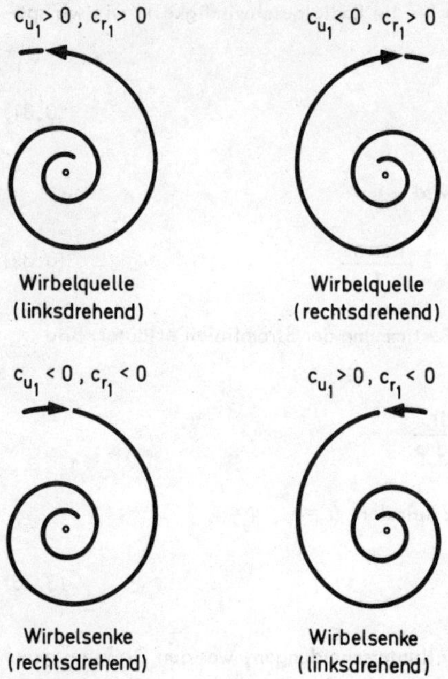

Bild 3.13 Fallunterscheidungen bei Wirbelquelle und -senke

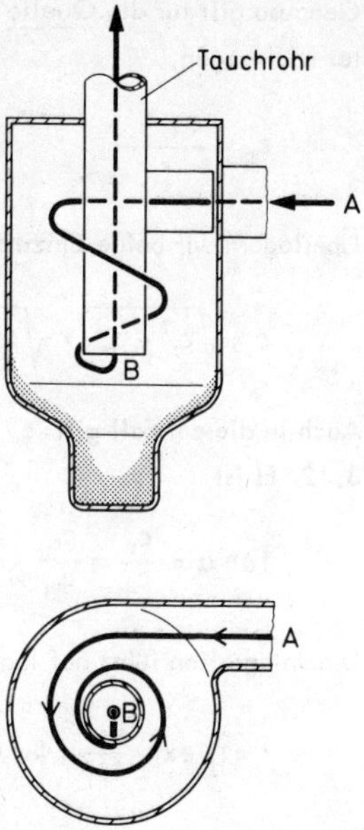

Bild 3.14 Strömung im Zyklon

3. Drehbewegung unter Berücksichtigung der Schwere

Wir denken hierbei etwa an den Ausflußwirbel in einem Behälter mit freier Oberfläche. Durch den Ausfluß kommt es bei gleichzeitiger Drehbewegung zu einer Absenkung des Flüssigkeitsspiegels. Im Grundriß liegt in guter Näherung eine Wirbelsenkenströmung der oben besprochenen Art vor. Bild 3.15 enthält die auftretenden Bezeichnungen. Wir wenden die Bernoulli-Gleichung für $\rho = \text{konst}$ längs der Stromlinie von $1 \rightarrow 2$ an:

$$\frac{c_1^2}{2} + \frac{p_1}{\rho} + g\,h_1 = \frac{c_2^2}{2} + \frac{p_2}{\rho} + g\,h_2 \ . \qquad (3.34)$$

An der freien Oberfläche ist $p_1 = p_2 = p$. Lassen wir den Punkt $1 \rightarrow \infty$ gehen, so wird $c_1 \rightarrow 0$, $h_1 \rightarrow H$. Der Index 2 sei variabel, bei Vernachlässigung der Vertikalkomponente wird: $c_2 = c = \text{konst}/r = K/r$, $h_2 = z$. (3.34) geht über in

$$g\,H = \frac{c^2}{2} + g\,z \ ,$$

Bild 3.15 Wirbelsenkenströmung mit freier Oberfläche im Schwerefeld

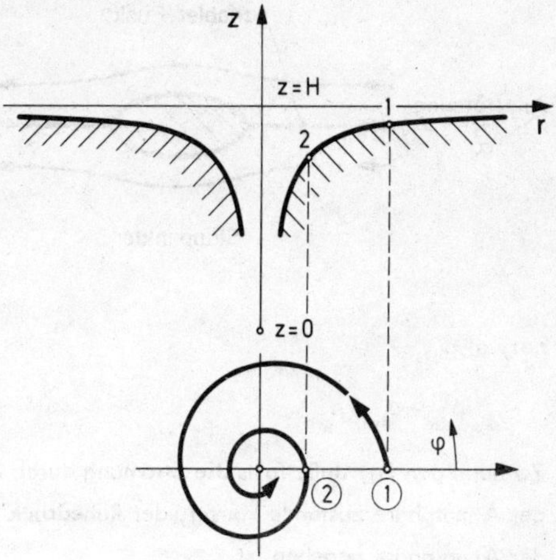

also

$$H - z = \frac{c^2}{2g} = \frac{K^2}{2gr^2} \quad . \tag{3.35}$$

Es kommt also zu einer Spiegelabsenkung im Trichter $\sim 1/r^2$.

4. Die verschiedenen Druckbegriffe und die Messung

Wir gehen aus von der Bernoulli-Gleichung bei ρ = konst im Schwerefeld:

$$p + \frac{\rho}{2} c^2 + \rho g z = \text{konst} \quad . \tag{3.36}$$

Wir bezeichnen hierin der Reihe nach

$p = p_{stat}$ = statischer Druck,

$\frac{\rho}{2} c^2 = p_{dyn}$ = dynamischer Druck.

Es handelt sich um eine Kopplung zwischen Druck und Geschwindigkeit in jedem Punkt des Geschwindigkeitsfeldes. Die Konstante wird durch geeignete Bezugswerte auf der jeweiligen Stromlinie festgelegt. Wir diskutieren dies im Spezialfall des Umströmungsproblems ohne Schwerefeld. Längs der Staustromlinie (Bild 3.16) gilt

$$p_\infty + \frac{\rho}{2} c_\infty^2 = p + \frac{\rho}{2} c^2 = p_0 \quad .$$

p_0 ist der Druck im Staupunkt und wird als Ruhedruck oder Gesamtdruck bezeich-

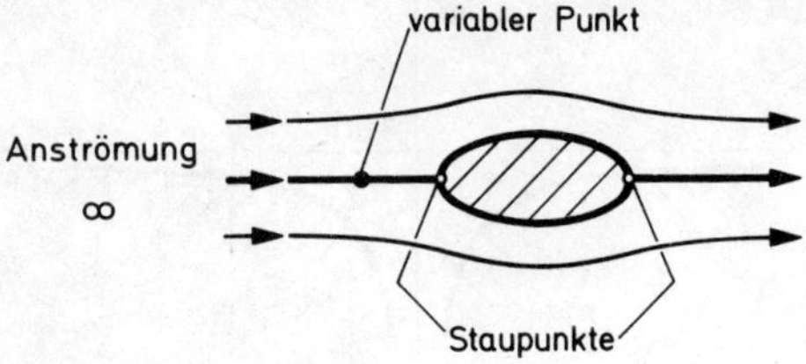

Bild 3.16 Umströmung eines Körpers. Druckbegriff

net, also

$$p_{stat} + p_{dyn} = p_{ges} \; . \tag{3.37}$$

Zu beachten ist, daß, falls die Strömung durch Ansaugen aus einem Kessel oder aus der Atmosphäre zustande kommt, der Ruhedruck durch den Druck im Kessel bzw. in der Atmosphäre gegeben ist.

Die Messung des statischen Druckes p geschieht am einfachsten mit einer Wandanbohrung (Bild 3.17) oder mit einer statischen Sonde (Bild 3.18). Bei der letzteren

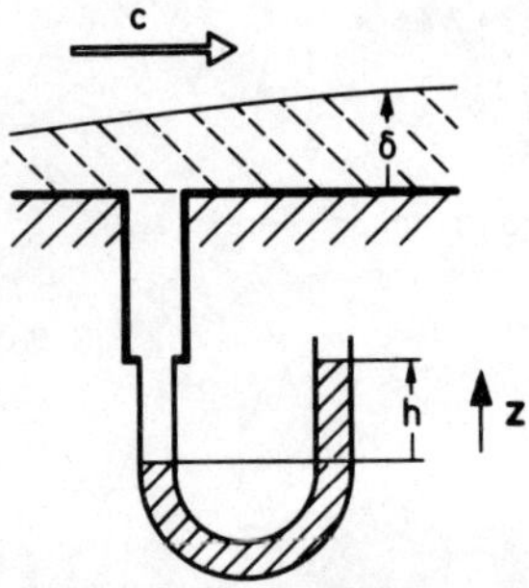

Bild 3.17 Wandanbohrung (statischer Druck)

Bild 3.18 Statische Sonde (statischer Druck)

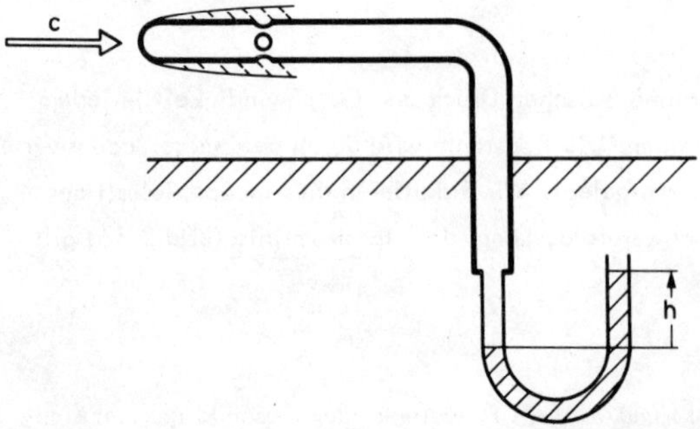

sind Löcher zur Abnahme des Druckes auf dem Umfang verteilt. Diese müssen einen hinreichenden Abstand von der Sondenspitze und vom Sondenschaft besitzen, damit die durch den Körper hervorgerufene Störung bis dort abgeklungen ist. In beiden Fällen tritt eine Strömungsgrenzschicht auf. In ihr ist der Druck quer zur Strömungsrichtung praktisch konstant, er wird der Grenzschicht von außen aufgeprägt! Daher kann mit diesen Methoden der statische Druck der Außenströmung gemessen werden, denn auf diesen kommt es an.

Bei diesen Messungen ist der Zusammenhang zwischen Druck und Steighöhe im Manometer wichtig. Bild 3.19 zeigt die eingehenden Bezeichnungen. Es ist

$$p' = p + \gamma_1 h' = p_1 + \gamma_2 h \ ,$$

$$p - p_1 = \gamma_2 h - \gamma_1 h' \ .$$

Falls $\gamma_1 h' \ll \gamma_2 h$, was in den meisten Fällen zutrifft, gilt

$$p - p_1 = \Delta p = \gamma_2 h = \gamma h \ . \tag{3.38}$$

Der Gesamt- oder Ruhedruck p_0 kann durch Aufstau der Strömung im Pitot-Rohr (Hakenrohr) gemessen werden. Im Eintrittsquerschnitt entsteht ein Staupunkt (Bild 3.20).

Der dynamische Druck p_{dyn} läßt sich durch eine Kombination der beiden behandelten Methoden mit dem Prandtlschen Staurohr ermitteln (Bild 3.21). Aus der Messung der Differenz

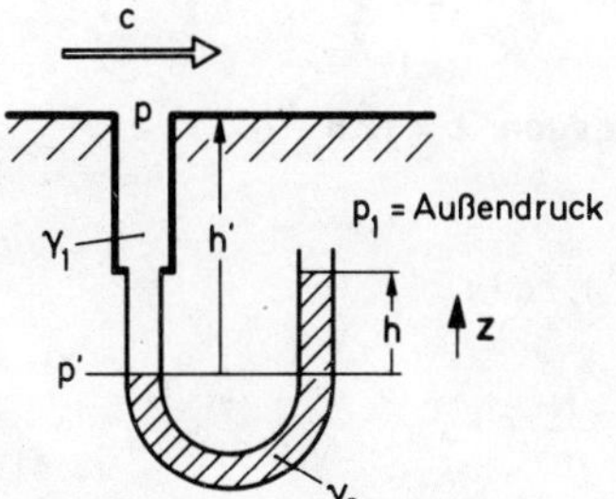

Bild 3.19 Zusammenhang zwischen Druck und Steighöhe im Manometer

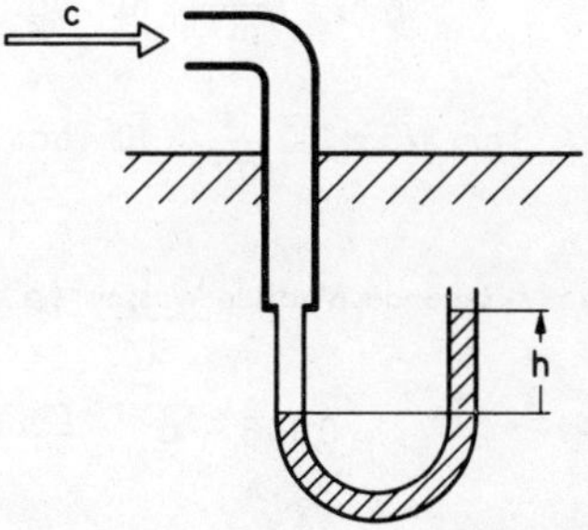

Bild 3.20 Pitot-Rohr (Gesamtdruck)

H. Pitot, 1695-1771

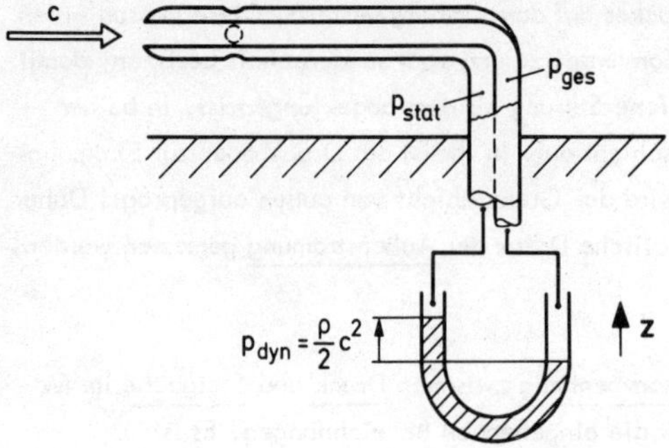

Bild 3.21 Prandtlsches Staurohr (dynamischer Druck)

$$p_{ges} - p_{stat} = p_{dyn}$$

erhält man die Strömungsgeschwindigkeit c zu

$$c = \sqrt{\frac{2}{\rho}\, p_{dyn}} \quad . \tag{3.39}$$

ρ ist hierin die Dichte des strömenden Mediums. Mit dem Prandtlschen Staurohr kann man die Strömungsgeschwindigkeit bestimmen. Zu beachten ist, daß zwischen p_{dyn} und c der nichtlineare Zusammenhang (3.39) besteht. Ist das strömende Medium Luft ($\rho = 1{,}226\ kg/m^3$), so gilt

$$c = 1{,}28 \sqrt{p_{dyn}}\ \frac{m}{s} \quad , \quad p_{dyn} \text{ in } \frac{N}{m^2} = Pa \quad , \tag{3.40}$$

$$\text{d.h.} \quad 1\,\frac{N}{m^2} = 10^{-5} \text{ bar entspricht } c = 1{,}28\ \frac{m}{s} \ ,$$

$$1\,\text{cm WS} \approx 100\,\frac{N}{m^2} = 10^{-3} \text{ bar sind dagegen } c = 12{,}8\ \frac{m}{s} \ .$$

Ist das strömende Medium Wasser ($\rho = 10^3\ kg/m^3$), so ist

$$c = 0{,}045 \sqrt{p_{dyn}}\ \frac{m}{s} \quad , \quad p_{dyn} \text{ in } \frac{N}{m^2} = Pa \quad , \tag{3.41}$$

$$\text{d.h.} \quad 1\,\frac{N}{m^2} = 10^{-5} \text{ bar entspricht } c = 4{,}5\ \frac{cm}{s} \ ,$$

$$100\,\frac{N}{m^2} = 10^{-3} \text{ bar entsprechen } c = 45\ \frac{cm}{s} \ .$$

5. Ausströmen aus einem Behälter

Wir behandeln zunächst den inkompressiblen Fall und verfolgen einen Stromfaden von der Flüssigkeitsoberfläche (1) bis zum Austritt (2) (Bild 3.22). Die Bernoulli-Gleichung lautet

$$\frac{c_1^2}{2} + \frac{p_1}{\rho} + g z_1 = \frac{c_2^2}{2} + \frac{p_2}{\rho} + g z_2 \quad . \tag{3.42}$$

Ist der Querschnitt 1 sehr viel größer als der Querschnitt 2, so liefert die Kontinuität

$$\frac{c_1}{c_2} = \frac{A_2}{A_1} \ll 1 ,$$

und wir können $c_1^2/2$ in (3.42) streichen. Wir sprechen in diesem Fall von einem großen Reservoir. Bei (1) ist ein kontinuierlicher Zufluß erforderlich, um die Spiegelhöhe konstant zu halten. Für die Ausflußgeschwindigkeit c_2 kommt

$$c_2 = \sqrt{\frac{2}{\rho}(p_1 - p_2) + 2gh} \; . \tag{3.43}$$

Wir betrachten zwei Sonderfälle. Falls $p_1 = p_2$ ist, wird $c_2 = \sqrt{2gh}$. Dies ist die Torricellische Formel. Es kommt wegen der fehlenden Reibung dieselbe Geschwindigkeit wie im freien Fall aus der Höhe h und bei der Anfangsgeschwindigkeit $c_1 = 0$ (Bild 3.22). Bemerkenswert ist weiter, daß c_2 von der Ausflußrichtung unabhängig ist. Bild 3.23 erläutert dies, indem jeweils ein Stromfaden verfolgt wird.

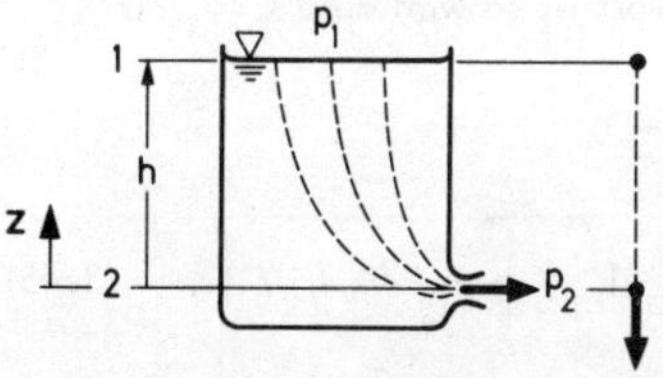

Bild 3.22 Ausfluß eines inkompressiblen Mediums aus einem Behälter

Bild 3.23 Unabhängigkeit des Betrages der Geschwindigkeit von der Ausflußrichtung

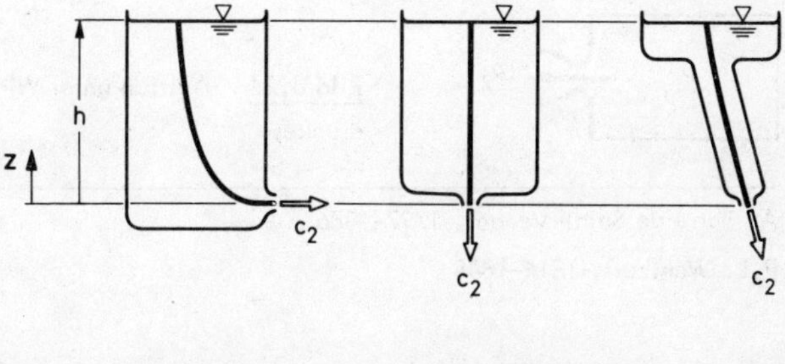

Der zweite Sonderfall ist der Ausfluß unter Wirkung eines Überdruckes, also ohne Einfluß der Schwerkraft (Bild 3.24). Die Druckenergie wird in kinetische Energie und damit in Geschwindigkeit umgewandelt.

$$c_2 = \sqrt{\frac{2}{\rho}(p_1 - p_2)} = \sqrt{\frac{2\Delta p}{\rho}} .$$

Wir wenden diese Beziehung auf atmosphärische Bewegungen an. Nehmen wir als Druckstufe $\Delta p = 10$ mbar $= 10^3$ Pa, so kommt mit $\rho = 1{,}226$ kg/m^3

$$c_2 \approx 40 \ \frac{\text{m}}{\text{s}} \approx 140 \ \frac{\text{km}}{\text{h}} .$$

Dies ist eine beachtliche Geschwindigkeit bei der relativ kleinen Druckdifferenz. Bei größeren Druckunterschieden müssen wir die Kompressibilität berücksichtigen. Man spricht dann von der Gasdynamik. Die Bernoulli-Gleichung (3.12a) liefert bei horizontaler Bewegung und mit $c_1 = 0$ im Reservoir (Bild 3.24)

$$c_2 = \sqrt{2 \int_{p_2}^{p_1} \frac{dp}{\rho}} . \tag{3.44}$$

Die Bestimmung der Ausflußgeschwindigkeit ist damit auf die Berechnung des bereits früher aufgetretenen Integrals

$$\int_{p_2}^{p_1} \frac{dp}{\rho}$$

zurückgeführt. Setzen wir auch hier Isentropie voraus, so wird aus (3.44) mit (3.23d)

$$c_2 = \sqrt{2\frac{\varkappa}{\varkappa-1}\frac{p_1}{\rho_1}\left[1 - \left(\frac{p_2}{p_1}\right)^{\frac{\varkappa-1}{\varkappa}}\right]} = \sqrt{2\frac{\varkappa}{\varkappa-1}\frac{R}{m}T_1\left[\cdot/\cdot\right]} = \sqrt{2c_p T_1\left[\cdot/\cdot\right]} . \tag{3.45}$$

Dies ist die Formel von Saint-Venant und Wantzell. Sie stellt die Ausflußgeschwin-

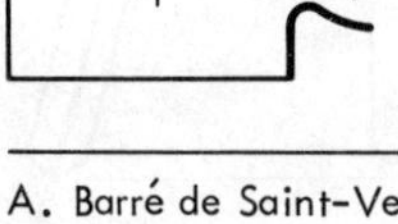

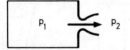

Bild 3.24 Ausfluß unter Wirkung eines Überdruckes

A. Barré de Saint-Venant, 1797-1886

P.L. Wantzell, 1814-1848

digkeit c_2 als Funktion der Kessel- oder Ruhewerte (p_1, ρ_1, T_1) sowie des Gegendruckes p_2 dar. Für die Realisierung dieser Geschwindigkeit spielt die Form der Düse, die an den Kessel angeschlossen ist, eine große Rolle. Diese geht über die Kontinuitätsgleichung ein, die bisher nicht berücksichtigt wurde. Wir diskutieren zunächst (3.45). Bei festgewählten Ruhewerten ergibt sich für $p_2/p_1 \to 0$ die Maximalgeschwindigkeit

$$c_{2_{max}} = \sqrt{2\,\frac{\varkappa}{\varkappa-1}\,\frac{p_1}{\rho_1}} = \sqrt{2\,\frac{\varkappa}{\varkappa-1}\,\frac{R}{m}\,T_1}\ . \qquad (3.46)$$

Unter Atmosphärenbedingungen kommt

$$\varkappa = 1{,}40\ , \quad p_1 = 1\,\text{bar}\ , \quad \rho_1 = 1{,}226\ \frac{\text{kg}}{\text{m}^3}\ ,$$

$$c_{max} \approx 750\ \frac{\text{m}}{\text{s}}\ . \qquad (3.47)$$

Dies ist ein bemerkenswertes Ergebnis, das handgreiflich den Einfluß der Kompressibilität zeigt; denn im Inkompressiblen gibt es kein Analogon. Der Wert (3.47) kann auf dem Umweg über die Ruhewerte erhöht werden. (3.46) bietet im wesentlichen zwei Möglichkeiten an. Wenn man den Kessel aufheizt, so steigt $c_{max} \sim \sqrt{T_1}$. Hier tritt wiederum die typische Wurzelabhängigkeit von der Temperatur auf. Wirkungsvoller ist jedoch der Übergang zu leichteren Gasen, denn $c_{max} \sim 1/\sqrt{m}$. Der Übergang von Luft zu Wasserstoff liefert für die Geschwindigkeit den Faktor 4. Der Extremfall $p_2/p_1 \to 0$ läßt sich auf zweierlei Weise realisieren:

1. Wir halten p_1 fest, z.B. = 1 bar, und evakuieren einen Behälter, d.h. $p_2 = 0$. Es kommt dann zum Einströmen ins Vakuum (Bild 3.25).

2. Wir halten p_2 fest, z.B. = 1 bar, und laden einen Kessel auf, d.h. $p_1 \to \infty$. Dann kommt es zu einem Ausströmen (Bild 3.26).

Beide Fälle sind zur Erzeugung von hohen Geschwindigkeiten im Gebrauch.

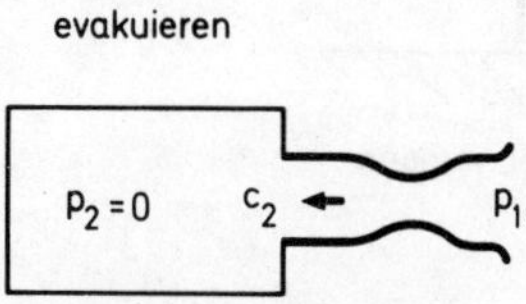

Bild 3.25 Einströmen ins Vakuum

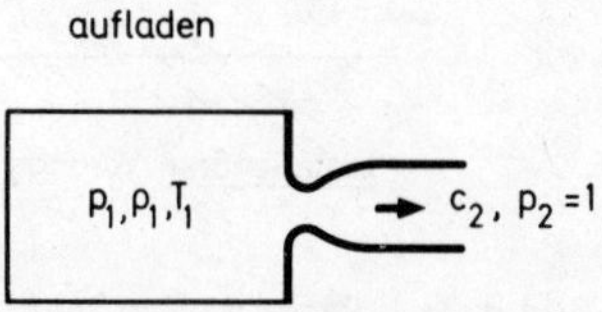

Bild 3.26 Ausströmen aus einem Kessel unter hohem Druck

6. Gasdynamische Betrachtungen. Die Strömung in der Laval-Düse

Um die im letzten Abschnitt aufgetretenen Strömungsvorgänge zu verstehen, müssen wir uns mit dem Begriff der Schallgeschwindigkeit beschäftigen. Dies ist ein weiteres Charakteristikum kompressibler Strömungen.

Wir definieren die Schallgeschwindigkeit als Ausbreitungsgeschwindigkeit kleiner Störungen der Zustandsgrößen (= Schall) in einem ruhenden, kompressiblen Medium: Es handelt sich hierbei um eine Signalgeschwindigkeit, die wohl zu unterscheiden ist von der Strömungsgeschwindigkeit. Wir untersuchen die Wellenfortpflanzung in einem Kanal konstanten Querschnitts, einem sogenannten Stoßwellenrohr. Im Ausgangszustand ist es durch eine Membran in zwei Kammern eingeteilt. Rechts befindet sich der Niederdruckteil und links der höhere Druck (Bild 3.27). Wird die Membran entfernt, so läuft eine Verdichtung in den Niederdruckteil und eine Verdünnung in den Hochdruckteil. Handelt es sich um kleine Störungen, so laufen die Signale mit Schallgeschwindigkeit (= a). Wir betrachten die Umgebung der nach rechts laufenden Wellenfront (Bild 3.28). Dies ist ein instationärer Vorgang, der durch Überlagerung von $-a$ zu einem stationären gemacht werden kann. Wir wenden hierauf die Grundgleichungen der Stromfadentheorie an und linearisieren.

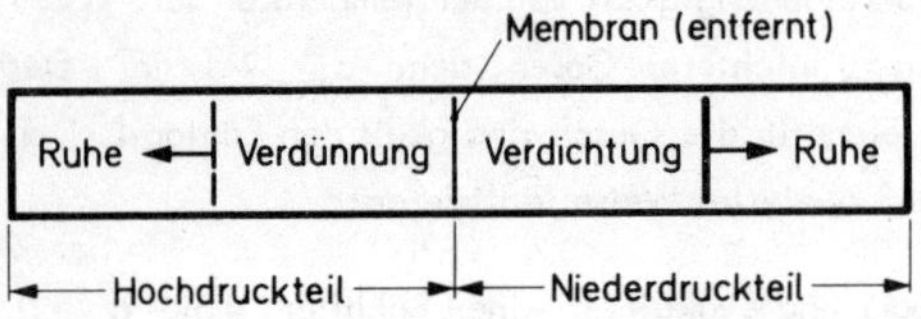

Bild 3.27 Schema eines Stoßwellenrohres

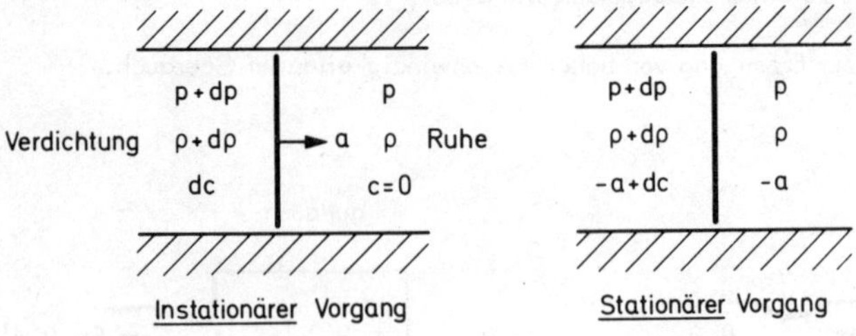

Bild 3.28 Rechtsläufige Verdichtungswelle

C.G.P. de Laval, 1845-1913

Kontinuität bei konstantem Querschnitt:

$$-\rho a = (\rho + d\rho)(-a + dc) = -\rho a - a d\rho + \rho dc + \dots ,$$

$$\frac{d\rho}{\rho} = \frac{dc}{a} . \tag{3.48}$$

Bernoulli-Gleichung: $\frac{c^2}{2} + \int^{p} \frac{dp}{\rho} = \text{konst} ,$

$$\frac{a^2}{2} + \int^{p} \frac{dp}{\rho} = \frac{(-a+dc)^2}{2} + \int^{p+dp} \frac{dp}{\rho} ,$$

$$\frac{a^2}{2} = \frac{a^2}{2} - a\,dc + \int_{p}^{p+dp} \frac{dp}{\rho} + \dots = \frac{a^2}{2} - a\,dc + \frac{dp}{\rho} + \dots ,$$

$$a\,dc = \frac{dp}{\rho} . \tag{3.49}$$

Wir kombinieren die Aussagen (3.48) und (3.49) miteinander:

$$a^2 = \frac{dp}{d\rho} = \left(\frac{\partial p}{\partial \rho}\right)_s . \tag{3.50}$$

Die letzte Aussage ergibt sich daraus, daß sich die kleinen Störungen verlustlos, d.h. isentrop, ausbreiten. Die Schallgeschwindigkeit ist also an die Druck- und die Dichteänderungen in dem Medium gebunden. Gehört zu einer gewissen Druckstörung Δp eine geringe Dichteänderung $\Delta \rho$, so ist das Medium praktisch inkompressibel und die Schallgeschwindigkeit (3.50) groß. Ist dagegen die Dichteänderung beträchtlich, so herrscht Kompressibilität, und die Schallgeschwindigkeit ist gering.

Mit der isentropen Zustandsänderung

$$\frac{p}{p_1} = \left(\frac{\rho}{\rho_1}\right)^{\varkappa}$$

und der idealen Gasgleichung wird aus (3.50)

$$a^2 = \left(\frac{\partial p}{\partial \rho}\right)_s = \varkappa \frac{p}{\rho} = \varkappa \frac{R}{m} T . \tag{3.51}$$

Wieder ergeben sich die typischen Proportionalitäten $a \sim \sqrt{T}$, $a \sim 1/\sqrt{m}$, wie wir sie soeben bei der Maximalgeschwindigkeit hergeleitet haben. Die Abhängigkeit von der Molmasse m ist gravierend. Für T = 300 K gilt:

Gas	O_2	N_2	H_2	Luft
m in g/mol	32	28,016	2,016	~29
a in m/s	330	353	1316	347

a ist damit eine geeignete Bezugsgeschwindigkeit für alle kompressiblen Strömungen. Das Verhältnis Strömungsgeschwindigkeit/Schallgeschwindigkeit ist eine charakteristische Kennzahl und wird zu Ehren von Ernst Mach

$$\frac{c}{a} = M = \text{Machsche Zahl} \tag{3.52}$$

genannt. Diese Bezeichnung wurde 1928 von Ackeret eingeführt. Man unterscheidet danach

Unterschallströmungen mit $M < 1$ und
Überschallströmungen mit $M > 1$.

Bild 3.29 zeigt dies etwas detaillierter. Es treten folgende Sonderfälle auf: $M^2 \ll 1$ beschreibt die inkompressiblen Strömungen, $M^2 \gg 1$ dagegen den sogenannten Hyperschall und $M \gtrless 1$ die schallnahen oder transsonischen Strömungen. Diese Unterscheidung hat sich als zweckmäßig erwiesen.

Die Eulersche Gleichung ergibt

$$c\,\frac{dc}{dx} = -\frac{1}{\rho}\,\frac{dp}{dx} = -\frac{1}{\rho}\,\frac{dp}{d\rho}\,\frac{d\rho}{dx} = -\frac{a^2}{\rho}\,\frac{d\rho}{dx} \quad ,$$

$$\frac{1}{\rho}\,\frac{d\rho}{dx} = -M^2\,\frac{1}{c}\,\frac{dc}{dx} \;. \tag{3.53}$$

Die relative Dichteänderung ist der relativen Geschwindigkeitsänderung längs des Stromfadens proportional. Der Proportionalitätsfaktor ist M^2.

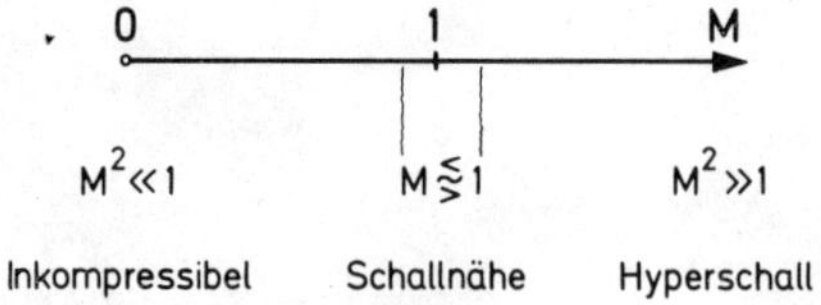

Bild 3.29 Zuordnung der verschiedenen Strömungen zur Mach-Zahl

E. Mach, 1838-1916

J. Ackeret, 1898-1981

Für $M \lessgtr 1$ ist die relative Dichteänderung $\lessgtr$ als die relative Geschwindigkeitsänderung.

Für $M \gtrless 1$ ist die relative Dichteänderung $\gtrless$ als die relative Geschwindigkeitsänderung.

Bei $M = 10$ kommt z.B. der Proportionalitätsfaktor 100.

Bei inkompressibler Strömung $M^2 \ll 1$ überwiegt die Änderung der Geschwindigkeit die der Zustandsgrößen p, ρ, T bei weitem. Im Hyperschall $M^2 \gg 1$ ist es umgekehrt. In Schallnähe sind alle Änderungen von derselben Größenordnung.

Die Kontinuitätsgleichung gibt den Einfluß der Querschnittsänderung. Differenzieren wir sie längs des Stromfadens, so wird

$$\frac{1}{\rho}\frac{d\rho}{dx} + \frac{1}{c}\frac{dc}{dx} + \frac{1}{A}\frac{dA}{dx} = 0 \; .$$

Berücksichtigen wir (3.53), so kommt

$$\frac{1}{c}\frac{dc}{dx} = \frac{1}{M^2-1}\,\frac{1}{A}\frac{dA}{dx} \; . \tag{3.54}$$

Hierin sehen wir $A(x)$ als gegeben, aber $c(x)$ und $M(x)$ als unbekannt an. (3.54) ermöglicht sofort eine qualitative Diskussion der Strömung in einer Düse. Ihr Zweck ist, die Strömung zu beschleunigen, d.h. $dc/dx > 0$.

Für $M < 1$ verlangt dies $dA/dx < 0$,
dagegen bei $M > 1$ $dA/dx > 0$.
Für $M = 1$ ist notwendig $dA/dx = 0$ (Bild 3.30).

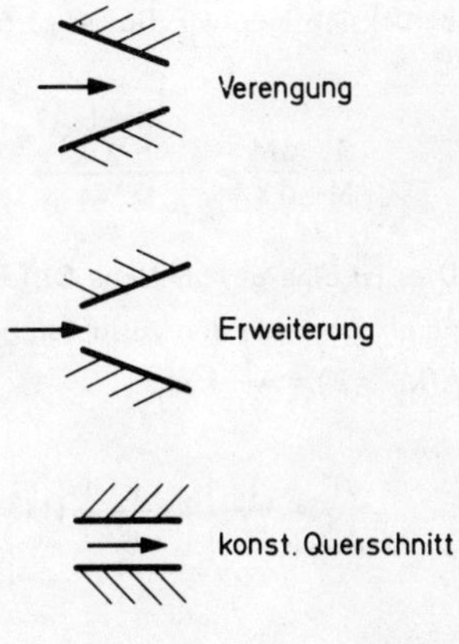

Bild 3.30 Möglichkeiten für den Querschnittsverlauf

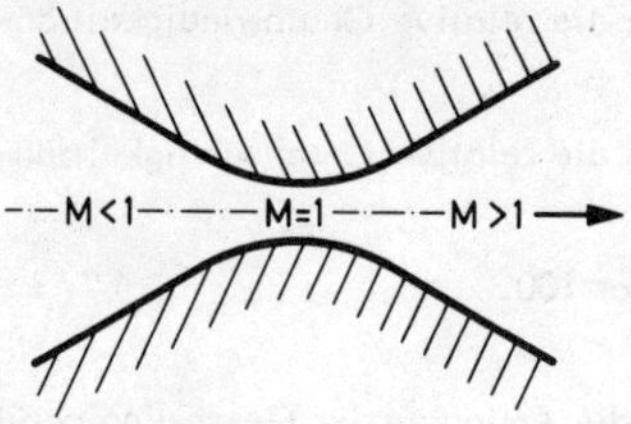

Bild 3.31 Laval-Düse

Schieben wir diese drei Teilergebnisse zusammen, so kommen wir zwangsläufig zur Strömung in der Laval-Düse (Bild 3.31). In einem konvergenten Einlaß wird die Unterschallströmung beschleunigt; am engsten Querschnitt ist der Schalldurchgang. Im anschließenden divergenten Teil wird die Überschallströmung weiter beschleunigt. Letzteres ist eine direkte Folge der Gleichung (3.53). Im Überschall überwiegt die Dichteabnahme die Geschwindigkeitszunahme. Da $\dot{m} = \rho c A =$ konst ist, muß hier also A in Strömungsrichtung zunehmen.

Zur quantitativen Bestimmung der Strömung schreiben wir die Differentialgleichung (3.54) auf die beiden Funktionen $M(x)$ und $A(x)$ um. Wir differenzieren (3.52):

$$\frac{dc}{c} = \frac{da}{a} + \frac{dM}{M}$$

und benutzen (3.50), (3.51) sowie (3.53):

$$2\,\frac{da}{a} = \frac{dp}{p} - \frac{d\rho}{\rho} = \frac{a^2}{p}\,d\rho - \frac{d\rho}{\rho} = (\varkappa-1)\,\frac{d\rho}{\rho} = -M^2\,(\varkappa-1)\,\frac{dc}{c}\,,$$

$$\frac{dM}{M} = \left(1 + \frac{\varkappa-1}{2}\,M^2\right)\frac{dc}{c}\,.$$

Berücksichtigen wir dies in (3.54), so wird

$$\frac{1}{M}\,\frac{dM}{dx} = \frac{1 + \frac{\varkappa-1}{2}M^2}{M^2-1}\;\frac{1}{A}\,\frac{dA}{dx}\,. \tag{3.55}$$

Dies ist eine gewöhnliche Differentialgleichung erster Ordnung für $M = M(x)$, die durch Trennung der Variablen gelöst werden kann. Mit der Bedingung $M^* = 1$, $A(M^* = 1) = A^*$ kommt

$$\frac{A}{A^*} = \frac{1}{M}\left[1 + \frac{\varkappa-1}{\varkappa+1}\,(M^2-1)\right]^{\frac{\varkappa+1}{2(\varkappa-1)}}\,. \tag{3.56}$$

Hierdurch ist implizit die Mach-Zahl als Funktion des Düsenquerschnitts gegeben, wenn an der engsten Stelle A^* Schallgeschwindigkeit herrscht. Wir wollen einen Überblick über alle möglichen Strömungen in einer Laval-Düse in Abhängigkeit von den Randbedingungen (Geometrie und wirksamer Gegendruck) erhalten. Dazu bestimmen wir das Richtungsfeld von (3.55), d.h., wir ermitteln in jedem Punkt der (x, M)-Ebene den Anstieg der Lösungskurve. Ausgezeichnete Richtungselemente sind:

$$\frac{dM}{dx} = 0 \ , \ \text{falls} \ \frac{dA}{dx} = 0 \ , \ \text{solange} \ M \neq 1 ,$$

$$\frac{dM}{dx} = \infty \ , \ \text{falls} \ M = 1 \ , \ \text{solange} \ \frac{dA}{dx} \neq 0 .$$

Singuläre Punkte liegen dort, wo der Faktor von dM/dx Null oder Unendlich ist. Nur dort können sich Integralkurven schneiden. $M = 0$ entspricht $A \to \infty$, d.h. dem Kessel. Hier sind unendlich viele Fortschreitungsrichtungen möglich. $M = 1$ und $dA/dx = 0$ führen in (3.55) zu einem unbestimmten Ausdruck. Die Anwendung der Bernoulli-L'Hospitalschen Regel liefert

$$\left(\frac{dM}{dx}\right)_{1,2} = \pm \sqrt{\frac{\varkappa+1}{4} \ \frac{\frac{d^2A}{dx^2}}{A^*}} \ . \qquad (3.57)$$

Es ergeben sich zwei Fortschreitungsrichtungen, falls $d^2A/dx^2 > 0$, das heißt am engsten Querschnitt. Es handelt sich dort um einen Sattelpunkt. Ist dagegen $d^2A/dx^2 < 0$, was dem Maximum der Funktion $A(x)$ entspricht, so kommt keine reelle Fortschreitungsrichtung. Es liegt ein Wirbelpunkt vor.

Nach diesen Vorbereitungen kann das Feld der Integralkurven sofort gezeichnet werden (Bild 3.32). Durch Variation des Druckes am Düsenende lassen sich die verschiedenen Strömungen realisieren. Bei geringer Differenz zwischen Kessel- und Gegendruck (A) erhalten wir eine Unterschalldüse. (B) entspricht dem Fall, daß am engsten Querschnitt die Schallgeschwindigkeit zwar erreicht, aber nicht durchschritten wird. Bei weiterer Druckabsenkung (C) erkennt man sofort, daß eine stetige Strömung nicht mehr möglich ist. Es kommt zu einem sogenannten (senkrechten) Verdichtungsstoß, in dem sich die Zustandsgrößen unstetig verändern. Die Geschwindigkeit sinkt auf Unterschall; Druck, Dichte und Temperatur steigen an. Bei weiterer Druckabsenkung wandert der Stoß zum Düsenende (D). Zwischen D und E tritt ein schiefer Stoß am Austritt auf. E bezeichnet den Grenzfall der idealen Laval-Düse. Hier liegt ein paralleler Strahl im Austritt vor. Bei weiterer Druckabsenkung (F) kommt es dort zu einer Expansion (Bild 3.33). Diese heuristische Be-

---

G. Fr. A. de L'Hospital, 1661-1704

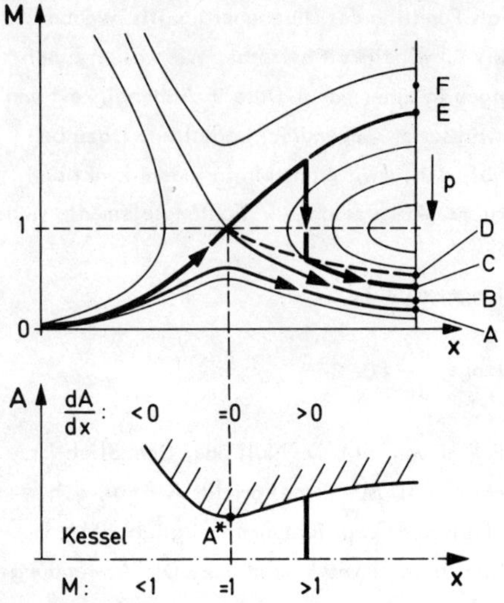

Bild 3.32 Mach-Zahl-Verlauf in der Laval-Düse bei verschiedenen Gegendrücken

schreibung zeigt die Vielfalt der möglichen Strömungsvorgänge in Abhängigkeit von den Randbedingungen. Wir verfolgen im weiteren nur die stetigen Strömungen. Bezüglich der Berechnung der Verdichtungsstöße verweisen wir auf die Literatur über Gasdynamik.

Wir verfügen damit in der Düse an jeder Stelle über die Mach-Zahl $M(x)$. Die Berechnung von $p(x)$, $\rho(x)$ und $T(x)$ geschieht mit der Bernoulli-Gleichung. Für isentrope Zustandsänderungen wird

$$\frac{c^2}{2} + \frac{\varkappa}{\varkappa-1}\,\frac{p}{\rho} = \frac{c^2}{2} + \frac{a^2}{\varkappa-1} = \frac{c^2}{2} + c_p T = \text{konst} \quad . \tag{3.58}$$

Die Konstante können wir auf zwei Wegen festlegen.

1. Wir benutzen die Kessel- oder Ruhewerte: $c = 0,\ a_1,\ p_1,\ \rho_1,\ T_1$.

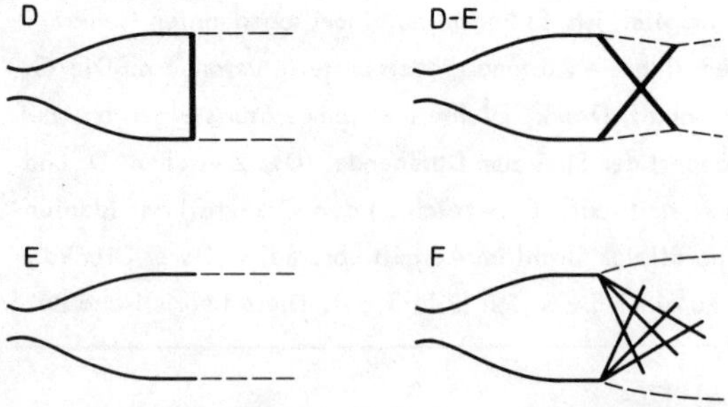

Bild 3.33 Einfluß des Gegendruckes auf die Strömungsform in der Laval-Düse

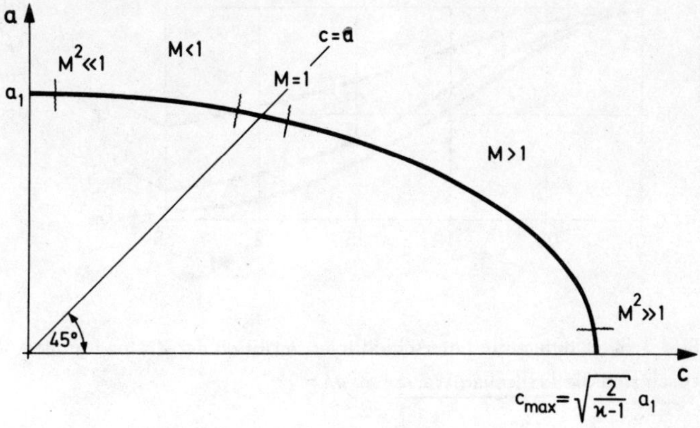

Bild 3.34 Energieellipse in der (c,a)-Ebene

(3.58) schreibt sich damit

$$\frac{c^2}{2} + \frac{a^2}{\varkappa - 1} = \frac{a_1^2}{\varkappa - 1} \tag{3.59}$$

oder als sogenannte Energieellipse

$$\left(\frac{c}{\sqrt{\frac{2}{\varkappa-1}}\, a_1}\right)^2 + \left(\frac{a}{a_1}\right)^2 = 1 \ . \tag{3.60}$$

Diese Kurve (Bild 3.34) erfaßt alle möglichen Strömungszustände mit den früher besprochenen Änderungen von Strömungs- und Schallgeschwindigkeit. Aus (3.59) folgt für $T(x)$ sodann mit der Isentropie für $\rho(x)$ und $p(x)$:

$$\frac{T}{T_1} = \frac{1}{1 + \frac{\varkappa - 1}{2} M^2} \ , \tag{3.61a}$$

$$\frac{\rho}{\rho_1} = \frac{1}{\left(1 + \frac{\varkappa - 1}{2} M^2\right)^{\frac{1}{\varkappa - 1}}} \ , \tag{3.61b}$$

$$\frac{p}{p_1} = \frac{1}{\left(1 + \frac{\varkappa - 1}{2} M^2\right)^{\frac{\varkappa}{\varkappa - 1}}} \ . \tag{3.61c}$$

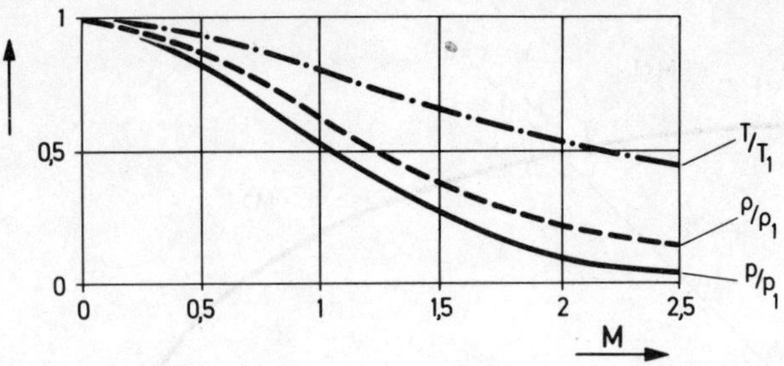

Bild 3.35
T, ρ, p als Funktionen der Mach-Zahl

Bild 3.35 erläutert die unterschiedliche Variation der Zustandsgrößen. Charakteristisch sind die kritischen Werte bei $M = 1$.

$$\frac{T^*}{T_1} = \frac{2}{\varkappa+1} = 0{,}833 \;, \quad \frac{\rho^*}{\rho_1} = \left(\frac{2}{\varkappa+1}\right)^{\frac{1}{\varkappa-1}} = 0{,}634 \;,$$

$$\frac{p^*}{p_1} = \left(\frac{2}{\varkappa+1}\right)^{\frac{\varkappa}{\varkappa-1}} = 0{,}528 \;. \tag{3.62}$$

Die Zahlenangaben beziehen sich auf $\varkappa = 1{,}40$.

2. Als Bezugsgrößen können wir die kritischen Werte verwenden: $c = a = a^*$, p^*, ρ^*, T^*. Neben $M = c/a$ tritt die kritische Mach-Zahl $M^* = c/a^*$ auf. Für unveränderliche Ruhewerte ist a^* konstant. Die Normierung mit der kritischen Schallgeschwindigkeit hat also den praktischen Vorteil, daß im Nenner der Mach-Zahl keine lokale, d.h. variable, Schallgeschwindigkeit mehr steht.
Wir haben folgenden Variabilitätsbereich:

M	0	1	∞
M^*	0	1	$\sqrt{\frac{\varkappa+1}{\varkappa-1}}$

Zur letzteren Aussage betrachten wir das Einströmen in das Vakuum mit der Maximalgeschwindigkeit (3.46)

$$M^*_{max} = \frac{c_{max}}{a^*} = \frac{\sqrt{\frac{2}{\varkappa-1}}\, a_1}{a^*} = \sqrt{\frac{2}{\varkappa-1}}\sqrt{\frac{T_1}{T^*}} = \sqrt{\frac{\varkappa+1}{\varkappa-1}} \quad (= 2{,}45 \text{ für Luft}).$$

Damit ergibt sich folgender Rechengang: Aufgrund der bekannten Düsengeometrie $A(x)$ bestimmen wir $M(x)$. Anschließend liefern (3.61a-c) $T(x)$, $\rho(x)$ und $p(x)$. Zur Erläuterung der eingeführten Begriffe geben wir einige Beispiele zur Gasdynamik.

Bild 3.36 Umströmung eines stumpfen Körpers

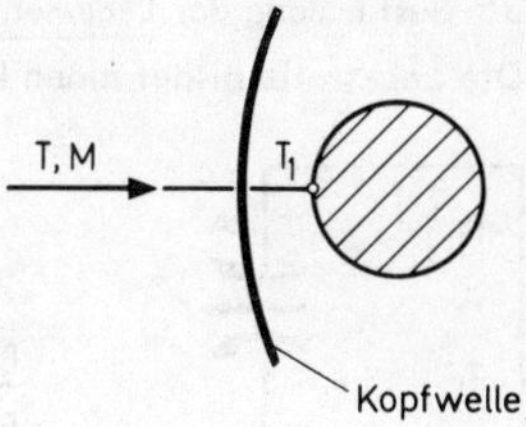

1. Temperaturerhöhung im Staupunkt eines Flugkörpers.

Auf der zentralen Stromlinie (Bild 3.36) kommt es zu einem Aufstau, der zu einer erheblichen Temperaturerhöhung führen kann. Wir können (3.61a) anwenden, um die Temperatur im Staupunkt ($= T_1$) zu ermitteln. Für $M > 1$ liegt eine Kopfwelle zwischen Anströmung und Körper. (3.61a) gilt über diesen Stoß hinweg, da diese Gleichung mit dem Energiesatz identisch ist, der für Verdichtungsstöße gilt:

$$\frac{T_1}{T} = 1 + \frac{\varkappa - 1}{2} M^2 \,. \tag{3.63}$$

Für Luft wird damit

$$M = 2\,, \quad \frac{T_1}{T} = 1{,}8\,, \quad \text{d.h. bei } T = 300\text{ K}: \; T_1 = 540\text{ K} = 267\,°\text{C}\,,$$

$$M = 5\,, \quad \frac{T_1}{T} = 6\,, \quad T_1 = 1800\text{ K} = 1527\,°\text{C}\,.$$

Bei den letzten Temperaturen ist man bereits an der Grenze des Gültigkeitsbereiches der idealen Gase konstanter spezifischer Wärmen. Bei weiterer Steigerung treten Dissoziation, Ionisation etc. hinzu. Diese Effekte benötigen Energie und führen dazu, daß die sich aus (3.63) ergebende Staupunkttemperatur tatsächlich erheblich unterschritten wird.

2. Bis zu welcher Mach-Zahl (Geschwindigkeit) kann eine Strömung als inkompressibel angesehen werden? Wir verlangen, daß in einem solchen Fall die relative Dichteänderung kleiner als 1% sein soll. (3.61b) ergibt

$$\frac{\rho}{\rho_1} = \frac{1}{\left(1 + \frac{\varkappa - 1}{2} M^2\right)^{\frac{1}{\varkappa - 1}}} = \frac{1}{1 + \frac{M^2}{2} + \dots} = 1 - \frac{M^2}{2} + \dots\,,$$

$$\left| \frac{\rho - \rho_1}{\rho_1} \right| = \frac{M^2}{2} + \dots \leqq 0{,}01\,, \quad M \leqq 0{,}14\,.$$

Diese Mach-Zahl führt bei Luft von Zimmertemperatur zu $c \leqq 50$ m/s.

3. Bestimmung der Leckmenge eines Kessels bei überkritischem Zustand (Bild 3.37). Die Leckstelle bildet einen kritischen Querschnitt A^*. Den Massenstrom führen wir

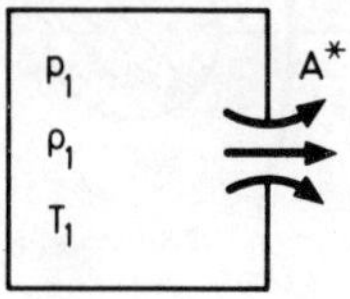

Bild 3.37 Ausfluß aus einem Kessel im überkritischen Fall

auf die Kesselwerte zurück ($\varkappa = 1{,}40$):

$$\dot{m} = \rho^* c^* A^* = \rho^* a^* A^* = \left(\frac{2}{\varkappa+1}\right)^{\frac{1}{\varkappa-1}} \rho_1 \sqrt{\frac{2}{\varkappa+1}}\, a_1\, A^* = 0{,}58\, \rho_1\, a_1\, A^* \;;$$

mit $a_1 = 347$ m/s wird

$$\frac{\dot{m}}{\rho_1 A^*} = 0{,}58 \cdot 347 \,\frac{\mathrm{m}}{\mathrm{s}} = 2 \cdot 10^{-2} \,\frac{\mathrm{m}^3}{\mathrm{s\,cm}^2} = 20 \,\frac{\mathrm{l}}{\mathrm{s\,cm}^2} \quad .$$

D.h., es strömen pro Sekunde durch den Quadratzentimeter 20 Liter Luft des Kesselzustandes. In 10 s sind dies bei 100 cm^2 also 20 m^3, falls das kritische Druckgefälle aufrechterhalten bleibt. Diese Zahlen veranschaulichen den großen Massendurchsatz im engsten Querschnitt einer Laval-Düse. Sie vermitteln eine Vorstellung von dem Fassungsvermögen eines Reservoirs, das an eine solche Düse angeschlossen ist.

4. Auffüllen eines Kessels - Prinzip eines Überschallwindkanals. Wir schließen an einen evakuierten Kessel vom Volumen V eine Laval-Düse an (Bild 3.38). Im Kessel herrsche der Anfangszustand: p_a, ρ_a, T_a, außerhalb z.B. der der Atmosphäre p_1, ρ_1, T_1. Entfernen wir die trennende Membran, in Bild 3.38 z.B. am Düsenende vorzustellen, so kommt es ähnlich wie im Stoßwellenrohr zu einem instationären Startvorgang. Ist p_a/p_1 genügend klein, so liegt eine Laval-Düsenströmung vor. Nach einer kurzen Anlaufphase stellt sich dann für wenige Sekunden die zum Druckverhältnis p_a/p_1 gehörige stationäre Strömung ein. Dies ist die Meßzeit des Kanals. Während dieser Phase können in der Meßstrecke Modelle z.B. von Tragflügeln in Überschallanströmung untersucht werden. Die Strömung wird mit geeigneten Verfahren sichtbar gemacht und durch die Kanalfenster beobachtet. Allerdings wird hierbei der Kessel allmählich aufgefüllt. Die Zustandswerte $p(t)$, $\rho(t)$, $T(t)$ lassen sich aus dem Volumen V und der Düsengeometrie berechnen. Mit fortschreitender Zeit, d.h. mit zunehmendem $p(t)$, werden die früher diskutierten Strömungszustände durchlaufen: Expansion, schiefer Stoß, senkrechter Stoß. Dieser senkrechte Stoß wandert unter Abschwächung zur Düsenkehle. Damit bricht dort der kritische Zustand zusammen, und wir haben eine Unterschallströmung, bis vollständiger Druckausgleich hergestellt ist.

Bild 3.38 Auffüllen eines Kessels

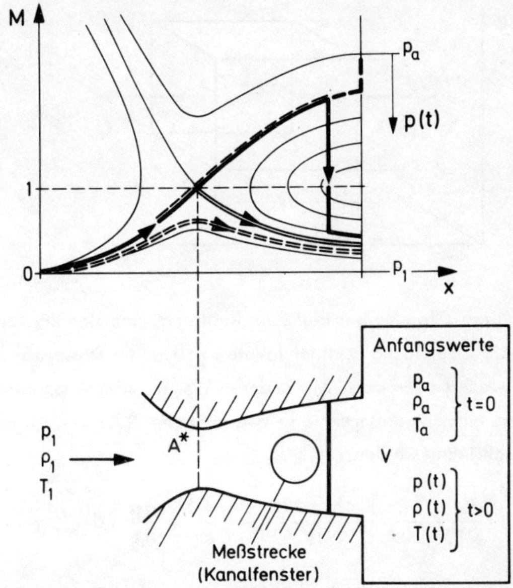

3.2 Reibungsfreie, ebene und räumliche Strömungen

Wir erweitern im Folgenden die eindimensionale Stromfadentheorie auf mehrere unabhängige Veränderliche und benutzen hierzu die Eulersche Methode.

3.2.1 Kontinuität (= Massenerhaltung)

Wir betrachten einen raumfesten Kontrollbereich, einen Quader mit den Kantenlängen dx, dy, dz (Bild 3.39). Eine Änderung des Massenstromes durch die Berandung führt zu einer Massenänderung im Innern. Der Massenstrom durch die Oberfläche in x-Richtung ist

$$d\dot{m}_x = \rho u \, dy \, dz - \left(\rho u + \frac{\partial(\rho u)}{\partial x} dx\right) dy \, dz = - \frac{\partial(\rho u)}{\partial x} dx \, dy \, dz .$$

Für alle drei Achsenrichtungen wird insgesamt

$$d\dot{m} = -\left(\frac{\partial(\rho u)}{\partial x} + \frac{\partial(\rho v)}{\partial y} + \frac{\partial(\rho w)}{\partial z}\right) dx \, dy \, dz = \frac{\partial \rho}{\partial t} dx \, dy \, dz . \qquad (3.64)$$

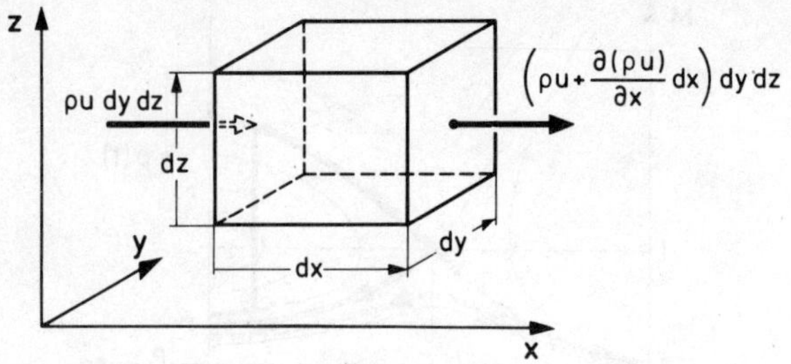

Bild 3.39 Zur Herleitung der Kontinuität

Diese Gleichung bringt zum Ausdruck, daß sich der resultierende Massenstrom durch die Oberfläche in einer lokalen zeitlichen Massenzu- oder -abnahme im Innern wiederfinden muß. Mit anderen Worten: die Masse kann im Innern nur dadurch z.B. zunehmen, daß mehr ein- als ausströmt. (3.64) kann in verschiedener Form geschrieben werden:

$$0 = \frac{\partial \rho}{\partial t} + \frac{\partial(\rho u)}{\partial x} + \frac{\partial(\rho v)}{\partial y} + \frac{\partial(\rho w)}{\partial z} = \frac{\partial \rho}{\partial t} + \operatorname{div}(\rho \vec{w}) = \frac{d\rho}{dt} + \rho \operatorname{div} \vec{w} \,. \tag{3.65}$$

Hieraus folgt die physikalische Bedeutung der Divergenz

$$\operatorname{div} \vec{w} = - \frac{1}{\rho} \frac{d\rho}{dt}$$

als relative Ergiebigkeit des Stromfeldes.

3.2.2 Eulersche Bewegungsgleichungen

Wir wenden das Newtonsche Grundgesetz auf das raumfeste Massenelement an (Bild 3.40) und erhalten der Reihe nach

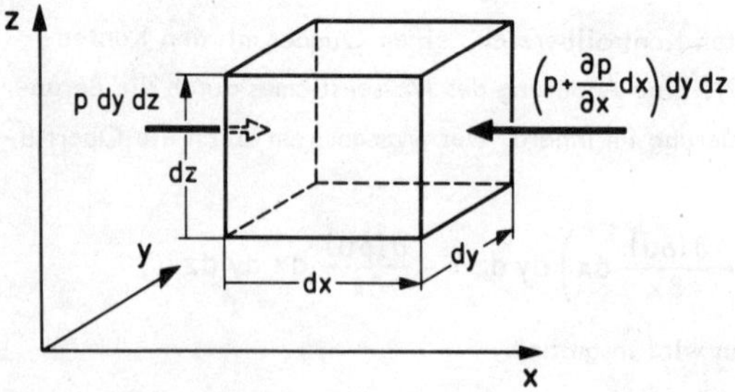

Bild 3.40 Raumfestes Massenelement

Masse = dm = ρ dx dy dz,

Beschleunigung = $\dfrac{d\vec{w}}{dt}$,

angreifende Kräfte = Massen- und Oberflächenkräfte = $\vec{f}\,dm - \operatorname{grad} p\, dx\, dy\, dz$,

mit $\vec{f} = (f_x, f_y, f_z)$ als der auf die Masse bezogenen Kraft. Also

$$\frac{d\vec{w}}{dt} = -\frac{1}{\rho}\operatorname{grad} p + \vec{f}\,. \tag{3.66}$$

Insgesamt erhalten wir die Aussage: Kontinuität und Eulersche Gleichungen liefern vier Bedingungen für die fünf Unbekannten $\vec{w} = (u, v, w)$, p und ρ. Auch hier ist also eine zusätzliche Gleichung (Energiesatz!) erforderlich, um alle Unbekannten zu bestimmen.

3.2.3 Ebene, stationäre, inkompressible Potentialströmung

Dies ist ein für die Strömungslehre wichtiger Spezialfall, der uns ausführlich beschäftigen wird. Die Voraussetzung ρ = konst ersetzt die fehlende Gleichung. Streichen wir noch die Schwerkraft, so wird:

Kontinuität:
$$\frac{\partial u}{\partial x} + \frac{\partial v}{\partial y} = 0\,, \tag{3.67}$$

Eulersche Gleichungen:
$$\left\{\begin{aligned} u\frac{\partial u}{\partial x} + v\frac{\partial u}{\partial y} &= -\frac{1}{\rho}\frac{\partial p}{\partial x}\,, && (3.68a)\\ u\frac{\partial v}{\partial x} + v\frac{\partial v}{\partial y} &= -\frac{1}{\rho}\frac{\partial p}{\partial y}\,. && (3.68b)\end{aligned}\right.$$

Diese Gleichungen für u, v und p lassen sich auf zwei Beziehungen für u und v reduzieren. Wir differenzieren (3.68a) nach y und (3.68b) nach x und subtrahieren. Benutzen wir (3.67) zur Vereinfachung, so wird

$$0 = u\frac{\partial}{\partial x}\left(\frac{\partial v}{\partial x} - \frac{\partial u}{\partial y}\right) + v\frac{\partial}{\partial y}\left(\frac{\partial v}{\partial x} - \frac{\partial u}{\partial y}\right) = \frac{d}{dt}\left(\frac{\partial v}{\partial x} - \frac{\partial u}{\partial y}\right), \tag{3.69}$$

wobei die letzte Gleichung berücksichtigt, daß wir stationäre Strömungen untersuchen. (3.69) zeigt, daß

$$\frac{\partial v}{\partial x} - \frac{\partial u}{\partial y} = \text{konst} \qquad (3.70)$$

ist längs jeder Stromlinie. Grundsätzlich kann der Wert dieser Konstanten von Stromlinie zu Stromlinie variieren. Bei den von uns vorwiegend betrachteten Umströmungsaufgaben liegt eine konstante Anströmung im Unendlichen vor, d.h. $u \to u_\infty$, $v \to v_\infty$. Im Limes $x \to -\infty$ wird daher auf jeder Stromlinie aus (3.70)

$$\frac{\partial v}{\partial x} - \frac{\partial u}{\partial y} = \left(\frac{\partial v}{\partial x} - \frac{\partial u}{\partial y}\right)_{x \to -\infty} = 0 .$$

Die Konstante ist also in unserem Fall gleich Null. Damit kommen die Grundgleichungen

Kontinuität: $$\frac{\partial u}{\partial x} + \frac{\partial v}{\partial y} = 0 , \qquad (3.71a)$$

Drehungsfreiheit: $$\frac{\partial v}{\partial x} - \frac{\partial u}{\partial y} = 0 . \qquad (3.71b)$$

Wir erläutern den Begriff der Drehung an zwei einfachen Beispielen.

1. Beim starren Körperwirbel (Bild 3.41) gilt

$$c = \omega r , \quad u = -\omega r \sin\varphi = -\omega y , \quad v = \omega r \cos\varphi = \omega x .$$

Also ist

$$\frac{\partial v}{\partial x} - \frac{\partial u}{\partial y} = 2\,\omega ,$$

und damit kann $\partial v/\partial x - \partial u/\partial y$ als Maß für die lokale Drehung des Teilchens aufgefaßt werden.

2. Beim Potentialwirbel (Bild 3.42) ist

$$c = \frac{k}{r} ; \quad u = -k\frac{\sin\varphi}{r} = -k\frac{y}{x^2+y^2} , \quad v = k\frac{\cos\varphi}{r} = k\frac{x}{x^2+y^2} ,$$

und damit gilt

$$\frac{\partial v}{\partial x} - \frac{\partial u}{\partial y} = 0 ,$$

d.h., hier liegt eine drehungsfreie Bewegung vor. Durch Integration der zwei Differentialgleichungen (3.71a,b) für u und v bestimmen wir das Geschwindigkeits-

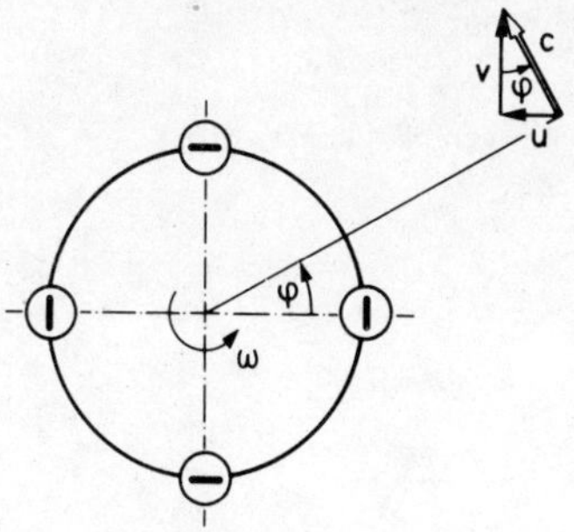

Bild 3.41 Starrer Körperwirbel

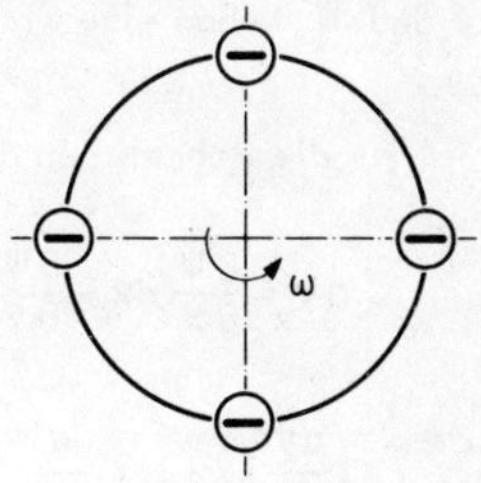

Bild 3.42 Potentialwirbel

feld. Anschließend wird der Druck mit der Bernoulli-Gleichung ermittelt. Es ergeben sich hier zwei mögliche Lösungswege.

1. Wir erfüllen die Drehungsfreiheit (3.71b) durch eine Potentialfunktion Φ (x,y), d.h.

$$u = \frac{\partial \Phi}{\partial x} \quad , \quad v = \frac{\partial \Phi}{\partial y} \quad . \tag{3.72}$$

Dann ergibt die Kontinuität (3.71a) die Bedingung

$$\frac{\partial u}{\partial x} + \frac{\partial v}{\partial y} = \frac{\partial^2 \Phi}{\partial x^2} + \frac{\partial^2 \Phi}{\partial y^2} = \Delta \Phi = 0 \; . \tag{3.73}$$

Für Φ ist damit die Laplace-Gleichung (= Potentialgleichung) unter den gegebenen Randbedingungen des Strömungsproblems zu lösen.

2. Wir erfüllen die Kontinuität (3.71a) durch eine Stromfunktion Ψ (x,y), d.h.

$$u = \frac{\partial \Psi}{\partial y} = \frac{\partial \Phi}{\partial x} \quad , \quad v = -\frac{\partial \Psi}{\partial x} = \frac{\partial \Phi}{\partial y} \quad . \tag{3.74}$$

Die Drehungsfreiheit (3.71b) verlangt

$$\frac{\partial^2 \Psi}{\partial y^2} + \frac{\partial^2 \Psi}{\partial x^2} = \Delta \Psi = 0 \; .$$

D.h., auch für Ψ gilt die Laplace-Gleichung.

P.S. Laplace, 1749-1827

Φ und Ψ haben eine wichtige physikalische Bedeutung:

1. Für die Höhenlinien der Ψ-Fläche, d.h. die Kurven $\Psi = \text{konst}$, gilt

$$d\Psi = \frac{\partial \Psi}{\partial x} dx + \frac{\partial \Psi}{\partial y} dy = -v\,dx + u\,dy = 0 ,$$

$$\left(\frac{dy}{dx}\right)_{\Psi = \text{konst}} = \frac{v}{u} .$$

Mithin sind die Kurven $\Psi = \text{konst}$ Stromlinien.

2. Für die Kurven $\Phi = \text{konst}$ kommt entsprechend

$$d\Phi = \frac{\partial \Phi}{\partial x} dx + \frac{\partial \Phi}{\partial y} dy = u\,dx + v\,dy = 0 ,$$

$$\left(\frac{dy}{dx}\right)_{\Phi = \text{konst}} = -\frac{u}{v} .$$

Die Kurven $\Phi = \text{konst}$, die Potentiallinien, sind orthogonal zu den Stromlinien. $\Phi = \text{konst}$ und $\Psi = \text{konst}$ bilden ein orthogonales Netz (Bild 3.43). Für den Volumenstrom, bezogen auf die Breiten- oder Tiefeneinheit, zwischen zwei Stromlinien gilt (Bild 3.44)

$$\dot{V}_{12} = \int_1^2 d\dot{V} = \int_1^2 (u\,dy - v\,dx) = \int_1^2 \left(\frac{\partial \Psi}{\partial y} dy + \frac{\partial \Psi}{\partial x} dx\right) = \int_1^2 d\Psi = \Psi_2 - \Psi_1 . \tag{3.75}$$

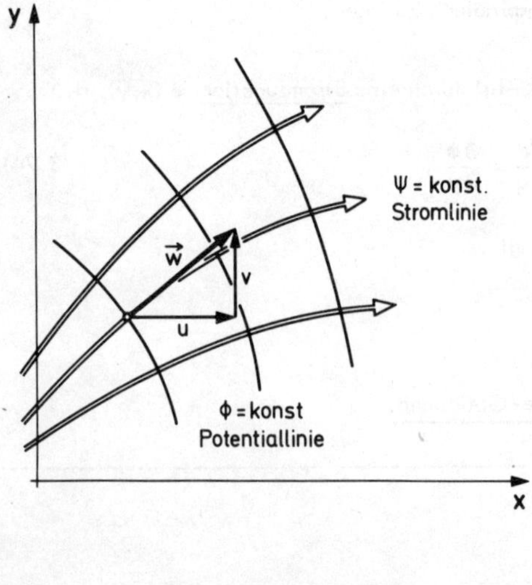

Bild 3.43 Orthogonales Netz der Potential- und Stromlinien

Bild 3.44 Berechnung des Volumenstroms zwischen zwei Stromlinien

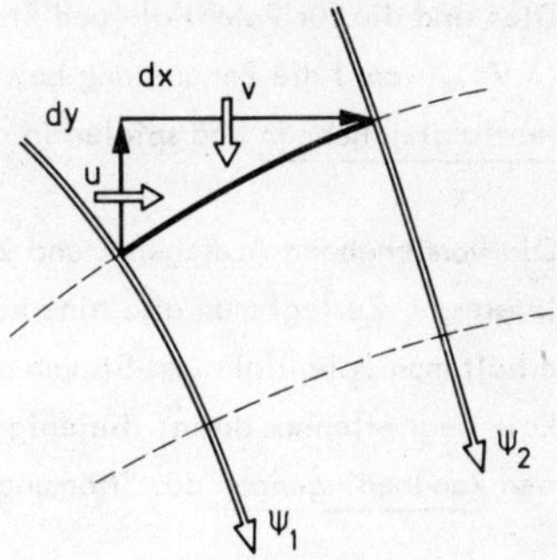

D.h., die Differenz der Ψ-Werte zweier Stromlinien liefert im ebenen Fall den Volumenstrom pro Tiefeneinheit senkrecht zur Bildebene zwischen ihnen.

Wir besprechen nun allgemeine Lösungsmethoden der Gleichungen $\Delta\Phi = 0$ und $\Delta\Psi = 0$.

1. Jede differenzierbare komplexe Funktion

$$F(z) = F(x+iy) = H(x,y) \ , \quad i = \sqrt{-1}$$

ist Lösung der Potentialgleichung $\Delta H = 0$, denn

$$\Delta H = \frac{\partial^2 H}{\partial x^2} + \frac{\partial^2 H}{\partial y^2} = F''(z) - F''(z) = 0 \ .$$

2. Zerlegen wir das komplexe Potential $F(z)$ in Real- und Imaginärteil, so gilt

$$F(z) = \text{Re}\, F + i\, \text{Im}\, F = \Phi(x,y) + i\Psi(x,y) \ .$$

Zum Beweis differenzieren wir hier nach x und y.

$$\frac{\partial}{\partial x} : \ F'(z) = \frac{\partial \Phi}{\partial x} + i \frac{\partial \Psi}{\partial x} \ ,$$

$$\frac{\partial}{\partial y} : \ iF'(z) = \frac{\partial \Phi}{\partial y} + i \frac{\partial \Psi}{\partial y} \ .$$

D.h. $\dfrac{\partial \Phi}{\partial x} + i \dfrac{\partial \Psi}{\partial x} = -i \dfrac{\partial \Phi}{\partial y} + \dfrac{\partial \Psi}{\partial y}$,

also

$$\frac{\partial \Phi}{\partial x} = \frac{\partial \Psi}{\partial y} \ , \qquad \frac{\partial \Phi}{\partial y} = -\frac{\partial \Psi}{\partial x} \ .$$

Dies sind die für Potential- und Stromfunktion geltenden Relationen (3.72) und (3.74), womit die Behauptung bewiesen ist. Sie heißen Cauchy-Riemannsche Differentialgleichungen und spielen in der Funktionentheorie eine große Rolle.

Die vorstehenden Aussagen 1 und 2 sind für die Strömungslehre von grundsätzlichem Interesse. Zerlegt man also eine komplexe Funktion in Real- und Imaginärteil, so erhält man Potential- und Stromfunktion einer Potentialströmung. Die Schwierigkeit liegt offenbar darin, diejenigen Funktionen zu bestimmen, die die vorgegebenen Randbedingungen des Strömungsproblems erfüllen.

Eine weitere wichtige Eigenschaft der Differentialgleichungen $\Delta\Phi = 0$ und $\Delta\Psi = 0$ ist ihre Linearität. Mit Φ_1 und Φ_2 ist auch $c_1\Phi_1 + c_2\Phi_2$ (c_1, c_2 = konst) eine Lösung, denn

$$\Delta(c_1\Phi_1 + c_2\Phi_2) = \Delta(c_1\Phi_1) + \Delta(c_2\Phi_2) = c_1\Delta\Phi_1 + c_2\Delta\Phi_2 = 0 \ .$$

Diese Überlagerung kann auch graphisch erfolgen. Wir erläutern dies am Beispiel der Superposition von Parallelströmung (Ψ_1) und Quelle (Ψ_2). Bild 3.45 zeigt das Zustandekommen des neuen Feldes mit der Stromfunktion $\Psi = \Psi_1 + \Psi_2$.
Jede Stromlinie kann als materielles Hindernis aufgefaßt und als umströmter Körper betrachtet werden. Nehmen wir die Staustromlinie, so haben wir ein Modell für die Umströmung eines stumpfen Halbkörpers. Diese Strömung wird uns bei der analyti-

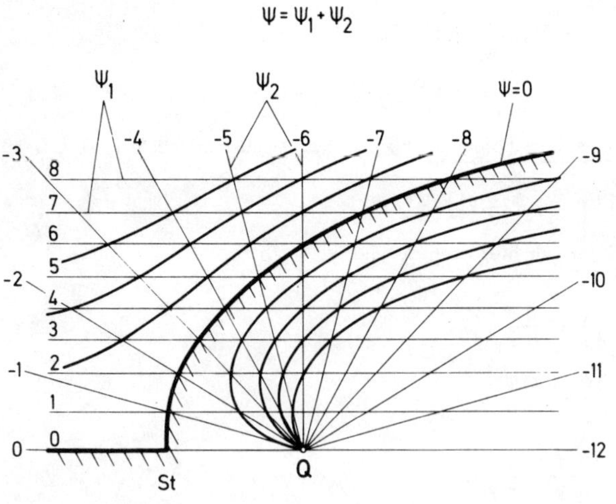

Bild 3.45 Lineare Superposition von Parallelströmung und Quelle

---

A.L. Cauchy, 1789-1857

B. Riemann, 1826-1866

schen Behandlung erneut begegnen.

Die Bernoulli-Gleichung gilt auch hier, wie man mit den Euler-Gleichungen (3.68a,b) und der Drehungsfreiheit (3.71b) leicht verifiziert:

$$p + \frac{\rho}{2}(u^2 + v^2) = p_\infty + \frac{\rho}{2} c_\infty^2 = p_0 \quad . \tag{3.76}$$

Für die dimensionslose Darstellung benutzen wir den Druckkoeffizienten

$$c_p = \frac{p - p_\infty}{\frac{\rho}{2} c_\infty^2} = \frac{\Delta p}{q} = 1 - \left(\frac{c}{c_\infty}\right)^2 \quad . \tag{3.77}$$

Ausgezeichnete Werte sind $c_{p_\infty} = 0$ in der Anströmung sowie $c_{p_0} = 1$ in den Staupunkten.

3.2.4 Beispiele für elementare und zusammengesetzte Potentialströmungen

Wir diskutieren die in der Tabelle Seite 86-87 aufgeführten Beispiele. Zu Beginn werden wir uns kurz fassen, später ausführlicher sein. Wir sammeln dadurch Erfahrungen über einfache Stromfelder, die wir später benötigen.

1. Parallelströmung

$$F(z) = (u_\infty - i v_\infty) z = (u_\infty - i v_\infty)(x + iy) = u_\infty x + v_\infty y + i(u_\infty y - v_\infty x),$$

$$\Phi = u_\infty x + v_\infty y \ , \quad \Psi = u_\infty y - v_\infty x \ ; \quad \Phi_x = u = u_\infty \ , \quad \Phi_y = v = v_\infty \quad .$$

$$\text{Stromlinien} \quad \Psi = \text{konst} : \ y = \frac{v_\infty}{u_\infty} x + \text{konst} \ .$$

2. Quell-Senkenströmung

$$F(z) = \frac{Q}{2\pi} \ln z = \frac{Q}{2\pi} (\ln r + i\varphi) \ , \quad z = x + iy = r e^{i\varphi} \ ,$$

$$\Phi = \frac{Q}{2\pi} \ln r = \frac{Q}{2\pi} \ln \sqrt{x^2 + y^2} \ , \quad \Psi = \frac{Q}{2\pi} \varphi = \frac{Q}{2\pi} \arctan \frac{y}{x} \ ;$$

$$\Phi_x = \frac{Q}{2\pi} \frac{x}{x^2 + y^2} \ , \quad \Phi_y = \frac{Q}{2\pi} \frac{y}{x^2 + y^2} \ , \quad c = \sqrt{u^2 + v^2} = \frac{Q}{2\pi r} \ .$$

Volumenstrom: $\dot{V} = c \cdot 2\pi r \cdot 1 = Q =$ Quell- oder Senkenstärke

komplexes Potential $F(z)$	Potential $\Phi(x,y)$	Stromfunktion $\Psi(x,y)$
$(u_\infty - i v_\infty)\, z$ Parallelströmung	$u_\infty x + v_\infty y$	$u_\infty y - v_\infty x$
$\frac{Q}{2\pi} \ln z$ Quelle $Q>0$, Senke $Q<0$	$\frac{Q}{2\pi} \ln r = \frac{Q}{2\pi} \ln\sqrt{x^2+y^2}$	$\frac{Q}{2\pi} \varphi = \frac{Q}{2\pi} \arctan \frac{y}{x}$
$\frac{\Gamma}{2\pi} i \ln z$ Wirbel, $\Gamma \gtrless 0$ rechtsdrehend / linksdrehend	$-\frac{\Gamma}{2\pi} \arctan \frac{y}{x}$	$\frac{\Gamma}{2\pi} \ln \sqrt{x^2+y^2}$
$\frac{m}{z}$ Dipol	$\frac{mx}{x^2+y^2}$	$-\frac{my}{x^2+y^2}$
$u_\infty z + \frac{Q}{2\pi} \ln z$ Parallelström.+Quelle/Senke	$u_\infty x + \frac{Q}{2\pi} \ln r$	$u_\infty y + \frac{Q}{2\pi} \varphi$
$u_\infty \left(z + \frac{R^2}{z}\right)$ Parallelströmung + Dipol = Zylinderumströmung	$u_\infty x \left(1 + \frac{R^2}{x^2+y^2}\right)$	$u_\infty y \left(1 - \frac{R^2}{x^2+y^2}\right)$
$u_\infty \left(z + \frac{R^2}{z}\right) + \frac{\Gamma}{2\pi} i \ln z$ Zylinderumströmung+Wirbel	$u_\infty x \left(1 + \frac{R^2}{x^2+y^2}\right) - \frac{\Gamma}{2\pi} \varphi$	$u_\infty y \left(1 - \frac{R^2}{x^2+y^2}\right) + \frac{\Gamma}{2\pi} \ln r$
Parallelströmung+Wirbel	$u_\infty x - \frac{\Gamma}{2\pi} \varphi$	$u_\infty y + \frac{\Gamma}{2\pi} \ln r$

Geschwindigkeit u	v	c	Stromlinien Ψ = konst.
u_∞	v_∞	$c_\infty = \sqrt{u_\infty^2 + v_\infty^2}$	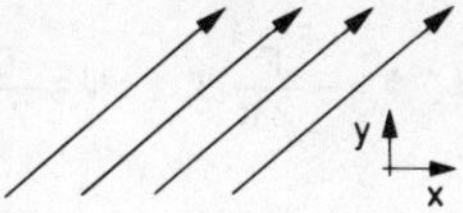
$\frac{Q}{2\pi}\,\frac{x}{x^2+y^2}$	$\frac{Q}{2\pi}\,\frac{y}{x^2+y^2}$	$\frac{Q}{2\pi r}$	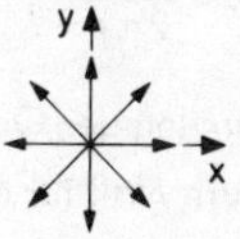
$\frac{\Gamma}{2\pi}\,\frac{y}{x^2+y^2}$	$-\frac{\Gamma}{2\pi}\,\frac{x}{x^2+y^2}$	$\frac{\Gamma}{2\pi r}$	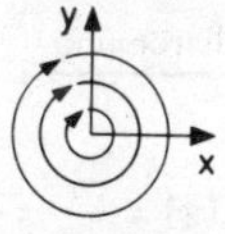
$m\,\frac{y^2-x^2}{(x^2+y^2)^2}$	$-m\,\frac{2xy}{(x^2+y^2)^2}$	$\frac{m}{r^2}$	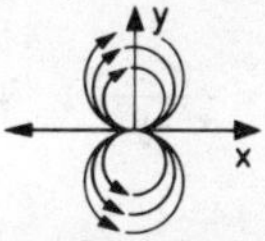
$u_\infty + \frac{Q}{2\pi}\,\frac{x}{x^2+y^2}$	$\frac{Q}{2\pi}\,\frac{y}{x^2+y^2}$		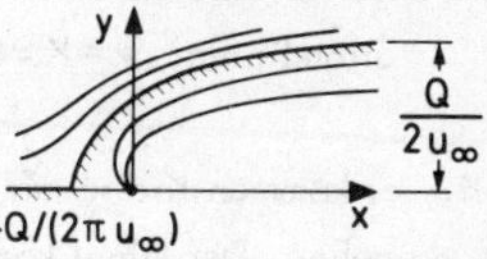
auf dem Zylinder: $2u_\infty \sin^2\varphi$	$-2u_\infty \sin\varphi\cos\varphi$	$2u_\infty \lvert\sin\varphi\rvert$	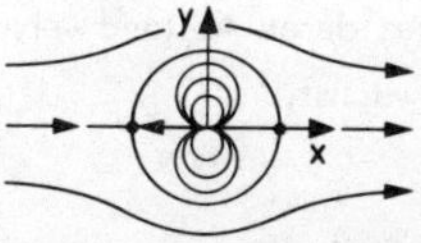
auf dem Zylinder: $2u_\infty \sin^2\varphi + \frac{\Gamma}{2\pi R}\sin\varphi$	$-2u_\infty \sin\varphi\cos\varphi - \frac{\Gamma}{2\pi R}\cos\varphi$	$2u_\infty \lvert\sin\varphi\rvert + \frac{\Gamma}{2\pi R}$	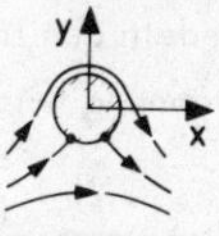
$u_\infty + \frac{\Gamma}{2\pi}\,\frac{y}{x^2+y^2}$	$-\frac{\Gamma}{2\pi}\,\frac{x}{x^2+y^2}$		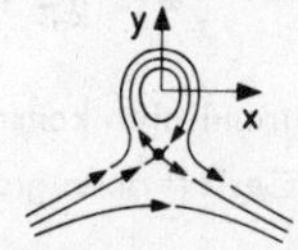

3. Wirbelströmung

$$F(z) = \frac{\Gamma}{2\pi}\, i\,\ell n\, z = \frac{\Gamma}{2\pi}(-\varphi + i\,\ell n\, r)\,,$$

$$\Phi = -\frac{\Gamma}{2\pi}\varphi\,,\quad \Psi = \frac{\Gamma}{2\pi}\ell n\, r\;;\quad \Phi_x = \frac{\Gamma}{2\pi}\frac{y}{x^2+y^2}\,,\quad \Phi_y = -\frac{\Gamma}{2\pi}\frac{x}{x^2+y^2}\,,$$

$$c = \frac{\Gamma}{2\pi r}\,,$$

völlig analog der Quell-Senkenströmung. Γ heißt Zirkulation oder Wirbelstärke und ist ein Maß für die Intensität der Drehbewegung.

4. Dipolströmung

$$F(z) = \frac{m}{z} = \frac{m}{x+iy}\cdot\frac{x-iy}{x-iy} = \frac{m(x-iy)}{x^2+y^2}\,,$$

$$\Phi = \frac{mx}{x^2+y^2}\,,\quad \Psi = -\frac{my}{x^2+y^2}\;;\quad c = \frac{m}{r^2}\,.$$

$$\text{Stromlinien:}\quad \Psi = K = \text{konst}:\; x^2 + \left(y + \frac{m}{2K}\right)^2 = \frac{m^2}{4K^2}\,,$$

d.h., es kommen Kreise mit Mittelpunkt auf der y-Achse, die alle durch den Ursprung gehen. Der Dipol kann realisiert werden durch Überlagerung von Quelle und Senke, deren Abstand verschwindet und deren Intensität gleichzeitig über alle Grenzen wächst.

5. Überlagerung von Parallelströmung mit Quell-Senkenströmung

Wir behandeln den früher graphisch diskutierten Fall (Bild 3.45). Bei horizontaler Parallelströmung wird

$$F(z) = u_\infty z + \frac{Q}{2\pi}\ell n\, z\,,\quad \Phi = u_\infty x + \frac{Q}{2\pi}\ell n\, r\,,\quad \Psi = u_\infty y + \frac{Q}{2\pi}\varphi\,.$$

Für die Stromlinien kommt eine implizite transzendente Gleichung. Daher haben wir ihre Gestalt oben graphisch ermittelt:

$$u = u_\infty + \frac{Q}{2\pi}\frac{x}{x^2+y^2}\,,\quad v = \frac{Q}{2\pi}\frac{y}{x^2+y^2}\,.$$

Für Staupunkte gilt $c = 0$ und damit $u = 0$ und $v = 0$. Letzteres führt auf $y_s = 0$ (Symmetrie zur x-Achse), ersteres dann auf $x_s = -Q/2\pi u_\infty$. Es gibt also genau einen Staupunkt, der bei einer Quelle ($Q > 0$) links vom Nullpunkt und bei einer Senke ($Q < 0$) rechts davon liegt:

$$c^2 = u_\infty^2 + \frac{Q\,u_\infty}{\pi}\,\frac{x}{x^2+y^2} + \frac{Q^2}{4\pi^2}\,\frac{1}{x^2+y^2} \;,$$

$$c_p = \frac{\Delta p}{q} = -\frac{Q}{\pi u_\infty}\,\frac{1}{x^2+y^2}\left(x + \frac{Q}{4\pi u_\infty}\right) .$$

Hiermit kann man den Verlauf der Druck- und Geschwindigkeitsverteilung auf der Staustromlinie diskutieren. In Bild 3.46 ist der Fall der Quelle skizziert. Vor dem Körper steigt der Druck, die Strömung wird abgebremst. Am Körper wird sie durch die Verdrängungswirkung beschleunigt, der Druck fällt ab. Hierbei wird die Anströmungsgeschwindigkeit überschritten. Im Unendlichen haben wir Parallelströmung. Es kommt also die Kontur eines <u>vorn stumpfen Halbkörpers</u>. Sein Durchmesser d_∞ ergibt sich aus einer Bilanz. Die aus der Quelle pro Zeiteinheit austretende Menge pro Tiefeneinheit $\dot{V} = Q$ strömt rechts mit der Geschwindigkeit u_∞ ab, also

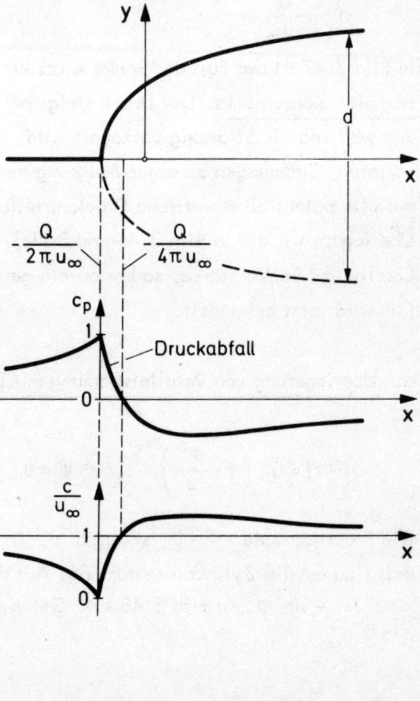

Bild 3.46 Quelle in Parallelströmung

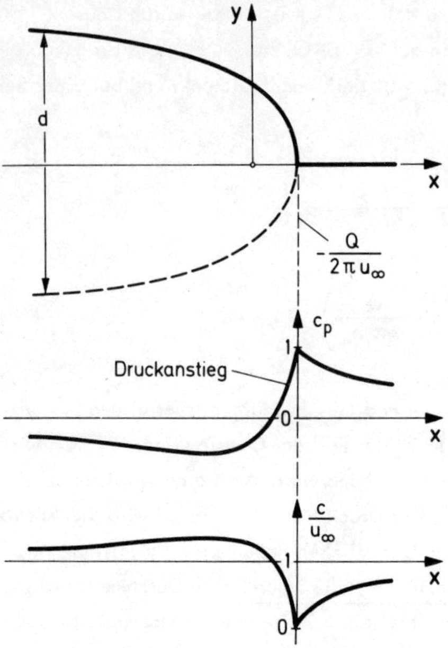

Bild 3.47 Senke in Parallelströmung

$\dot{V} = Q = u_\infty d_\infty$, d.h.

$$d_\infty = \frac{Q}{u_\infty} \quad . \tag{3.78}$$

In Bild 3.47 ist der Fall der Senke skizziert. Hier kommt es zur Umströmung eines stumpfen Körperhecks. Der Druck steigt bei Annäherung an den hinteren Staupunkt an, während die Strömung verzögert wird. Dies kann bei realen, d.h. reibungsbehafteten, Strömungen zu einer Ablösung der Grenzschicht führen. Die von uns ermittelte potentialtheoretische Druckverteilung ist der Grenzschicht aufgeprägt. Überlagern wir die in Bild 3.46 und Bild 3.47 diskutierten Einzelfälle bei gleicher Quell- und Senkenstärke, so kommt ein geschlossener Körper. Ein wichtiger Sonderfall wird jetzt behandelt.

6. Überlagerung von Parallelströmung mit Dipolströmung

$$F(z) = u_\infty \left(z + \frac{R^2}{z} \right) \quad , \quad \Psi = u_\infty y \left(1 - \frac{R^2}{x^2+y^2} \right)$$

Die Staustromlinie $\Psi = 0$ ist durch $y = 0$ bzw. $x^2 + y^2 = R^2$ gegeben. Es handelt sich um die Zylinderumströmung. Auf dem Zylinder erhalten wir: $c = 2u_\infty \sin\varphi$, $c_p = 1 - 4\sin^2\varphi$. In Bild 3.48 sind Geschwindigkeit und Druck auf der Staustrom-

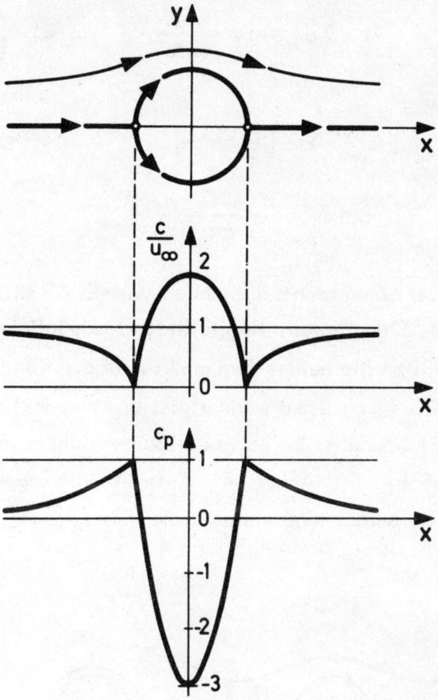

Bild 3.48 Geschwindigkeit und Druck bei der Zylinderumströmung

linie skizziert. Am Dickenmaximum ergibt sich die Geschwindigkeit $c_{max}/u_\infty = 2$. Auf der Rückseite des Körpers tritt ein beträchtlicher Druckanstieg auf. Aufgrund der Symmetrie der Druckverteilung in x- und y-Richtung wird auf den Zylinder keine resultierende Kraft ausgeübt.

7. Überlagerung von Zylinderumströmung und Wirbel

Wir gehen jetzt noch einen Schritt weiter, indem wir dem in 6. behandelten Beispiel einen Wirbel überlagern. Das Schema in Bild 3.49 zeigt bereits die typischen Eigenschaften des Stromfeldes. Es kommt eine bezüglich der x-Achse unsymmetrische Strömung. Der Zylinder bleibt offenbar auch hier Stromlinie, da er in den beiden Teilfeldern Stromlinie ist. Allerdings gilt auf ihm jetzt nicht $\Psi = 0$, sondern $\Psi = \Gamma/(2\pi)\,\ell n\, R$. Für Geschwindigkeit und Druck kommt auf dem Zylinder

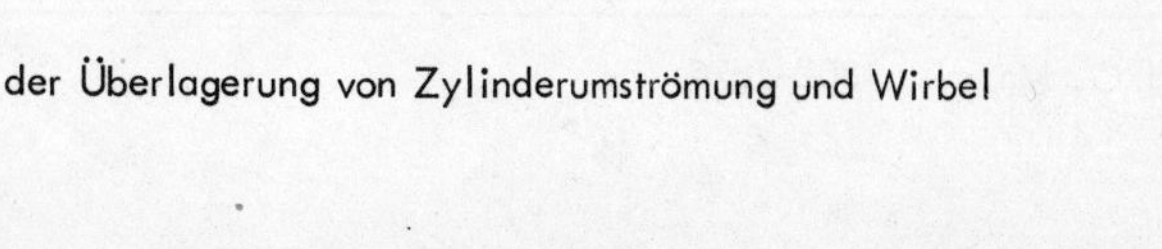

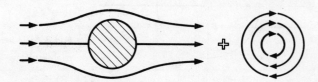

Bild 3.49 Schema der Überlagerung von Zylinderumströmung und Wirbel

$$c = 2u_\infty \sin\varphi + \frac{\Gamma}{2\pi R} \quad , \quad c_p = 1 - \left(\frac{c}{u_\infty}\right)^2 = 1 - \left(2\sin\varphi + \frac{\Gamma}{2\pi u_\infty R}\right)^2 . \qquad (3.79)$$

Die Staupunkte liegen bei

$$\sin\varphi_s = - \frac{\Gamma}{4\pi u_\infty R} \, .$$

Für einen rechts drehenden Wirbel ($\Gamma > 0$) liegen die beiden Staupunkte im 3. und 4. Quadranten. In Bild 3.50 sind mögliche Stromfelder skizziert. Für $\Gamma = 4\pi u_\infty R$ fallen die beiden Staupunkte auf der Kontur ($x = 0$, $y = -R$) zusammen. Ist $\Gamma > 4\pi u_\infty R$, so wandert dieser Staupunkt auf der y-Achse in das Stromfeld. Die Strömung ist in jedem Fall zur y-Achse symmetrisch. Es entsteht hier eine Kraft senkrecht zur x-Achse, ein Auftrieb, die sogenannte Magnus-Kraft. Bild 3.51 erläutert die Berechnung dieser Kraft F_y:

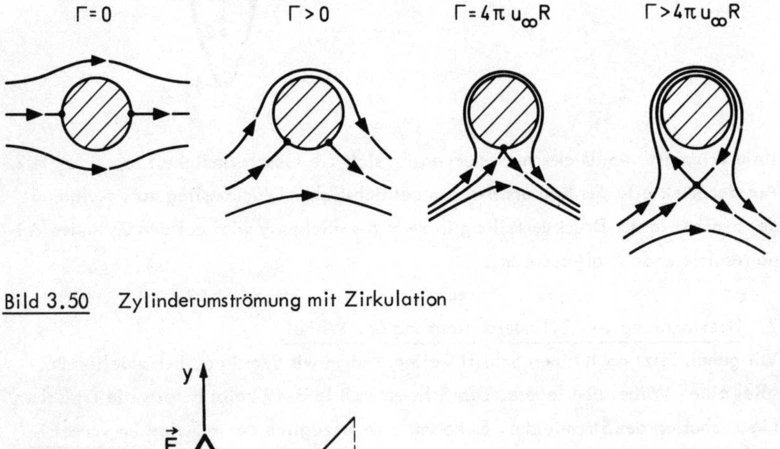

Bild 3.50 Zylinderumströmung mit Zirkulation

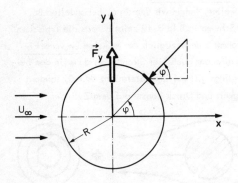

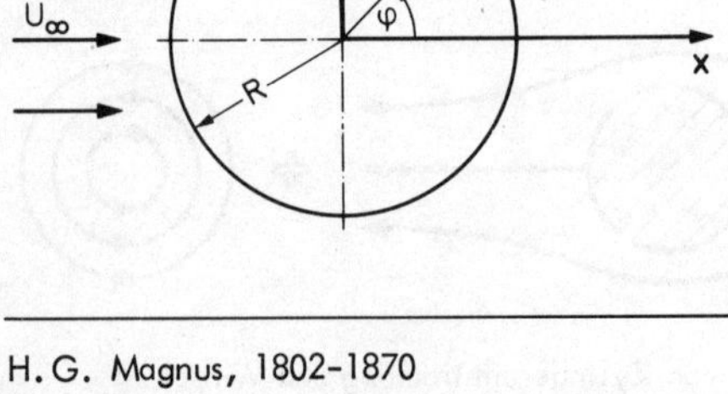

Bild 3.51 Berechnung der Auftriebskraft

H. G. Magnus, 1802-1870

$$dF_y = -\Delta p \sin\varphi \, R \, d\varphi \, b \, .$$

b ist die Breite des Zylinders senkrecht zur Zeichenebene. Das Vorzeichen ist so gewählt, daß ein Überdruck $\Delta p > 0$ einen Abtrieb $dF_y < 0$ hervorruft.

$$F_y = -bR \int_{\varphi=0}^{2\pi} \Delta p \sin\varphi \, d\varphi =$$

$$= -bRq \int_{\varphi=0}^{2\pi} \sin\varphi \left[1 - 4\sin^2\varphi - \frac{2\Gamma}{\pi u_\infty R} \sin\varphi - \frac{\Gamma^2}{4\pi^2 R^2 u_\infty^2} \right] d\varphi =$$

$$= \frac{bq\,2\Gamma}{\pi u_\infty} \int_{\varphi=0}^{2\pi} \sin^2\varphi \, d\varphi = \rho u_\infty b \Gamma \, .$$

$$F_y = \rho u_\infty b \Gamma \tag{3.80}$$

heißt Kutta-Joukowski-Formel für den Auftrieb. Danach ist der Auftrieb direkt proportional der Zirkulation (Wirbelstärke). Eine ganz entsprechende Rechnung zeigt, daß der Widerstand verschwindet. Aufgrund der Symmetrie des Stromfeldes war dies zu erwarten. Das Ergebnis gilt für Potentialströmungen ganz allgemein und wird als D'Alembertsches Paradoxon bezeichnet. Wir kommen unten darauf zurück.

Wir gehen zu dimensionslosen Größen über, um den obigen Auftrieb besser beurteilen zu können. Der Ansatz

$$F_y = q \, A \, c_a$$

ergibt mit den Bezeichnungen von Bild 3.52 $A = 2bR$ und der Kutta-Joukowski-Formel für den Auftriebskoeffizienten

$$c_a = \frac{\Gamma}{u_\infty R} \, . \tag{3.81}$$

Nehmen wir den Grenzfall, daß beide Staupunkte zusammenfallen, $\Gamma = 4\pi u_\infty R$, so wird aus (3.81)

W. Kutta, 1867-1944

N.J. Joukowski, 1847-1921

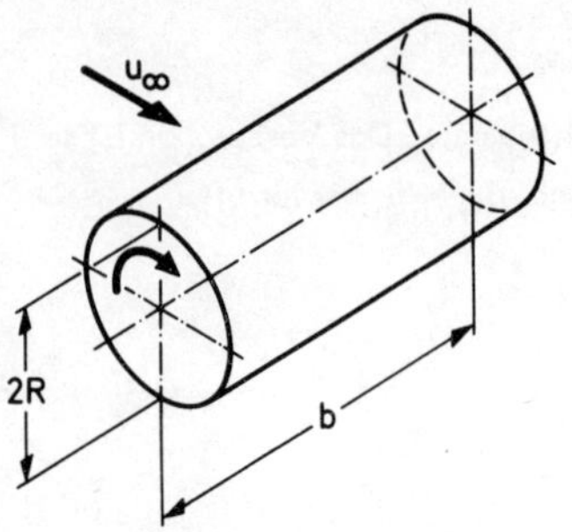

Bild 3.52 Bezeichnungen bei der Zylinderumströmung

$$c_a = 4\pi \approx 12{,}5 \quad . \tag{3.82}$$

Dies ist ein extrem hoher Wert im Vergleich mit Ergebnissen bei einem Tragflügel. Sie liegen dort etwa um eine Zehnerpotenz niedriger. Z.B. gilt für die wenig angestellte (Winkel α) ebene Platte

$$c_a = 2\pi\alpha \, .$$

Bei $\alpha = 10^\circ \mathrel{\hat{=}} 0{,}175$ wird $c_a \approx 1{,}1$. Aufgrund des hohen Auftriebs beim rotierenden Zylinder hat es nicht an Versuchen gefehlt, diesen Effekt technisch zu nutzen. Beim Flettner-Rotor z.B. sollte die Querkraft zum Schiffsantrieb benutzt werden. Zwei vertikal stehende schnell rotierende Zylinder sorgten für den Antrieb. Technische Schwierigkeiten sowie das Auftreten eines beträchtlichen Widerstandes führten seinerzeit zum Abbruch der Versuche, obwohl c_a-Werte von etwa 9 realisiert werden konnten.

3.2.5 Potentialströmungen um vorgegebene Körper

Die bisher behandelten Beispiele dienen vorwiegend dem Sammeln von Erfahrungen auf diesem Gebiet. In der vorliegenden Form sind sie noch nicht in der Lage, das Randwertproblem für einen vorgegebenen Körper zu lösen. Dazu dient z.B. die Singularitätenmethode, die für schlanke Körper in den Grundzügen dargestellt werden soll. Hierbei werden auf der Profilsehne kontinuierliche Verteilungen von Singularitäten (Quellen/Senken, Wirbel) angebracht. Die Stärke derselben ist so zu bemessen, daß bei Überlagerung mit der Parallelströmung die vorgegebene Körperkontur als Stromlinie erscheint. Hierbei ist es so, daß für den symmetrischen Körper in nichtangestellter Strömung (Dickeneffekt) Quell- und Senkenverteilungen gebraucht

---

A. Flettner, 1885-1961

werden, während für Anstellung und Wölbung Wirbelbelegungen verwendet werden. Im ersten Fall ist die Strömung symmetrisch zur x-Achse, während sie im zweiten Fall unsymmetrisch ist. Wir geben die Herleitung nur für den Dickeneffekt und verweisen bezüglich Anstellung und Wölbung auf die Spezialliteratur. Der Beitrag eines differentiellen Quell-Senkenelementes (Quellpunkt P_2 (ξ,η)) im Aufpunkt P_1 (x,y) ist (Bild 3.53)

$$d\Phi(x,y;\xi,\eta) = \frac{dQ(\xi,\eta)}{2\pi}\,\ln\sqrt{(x-\xi)^2+(y-\eta)^2} \quad .$$

Belegen wir nur die Profilsehne (= ξ-Achse), so ergeben sich die Geschwindigkeiten

$$d(u-u_\infty) = \frac{dQ(\xi)}{2\pi}\,\frac{x-\xi}{(x-\xi)^2+y^2} = \frac{1}{2\pi}\,\frac{x-\xi}{(x-\xi)^2+y^2}\,\frac{dQ}{d\xi}\,d\xi \quad ,$$

$$dv = \frac{dQ(\xi)}{2\pi}\,\frac{y}{(x-\xi)^2+y^2} = \frac{1}{2\pi}\,\frac{y}{(x-\xi)^2+y^2}\,\frac{dQ}{d\xi}\,d\xi \; .$$

Hierin ist $dQ/d\xi$ die Quell-Senkendichte. Belegen wir die Länge ℓ, so kommen die Integraldarstellungen

$$u(x,y) - u_\infty = \frac{1}{2\pi}\int_0^\ell \frac{x-\xi}{(x-\xi)^2+y^2}\,\frac{dQ}{d\xi}\,d\xi \quad , \qquad (3.83a)$$

$$v(x,y) = \frac{1}{2\pi}\int_0^\ell \frac{y}{(x-\xi)^2+y^2}\,\frac{dQ}{d\xi}\,d\xi \; . \qquad (3.83b)$$

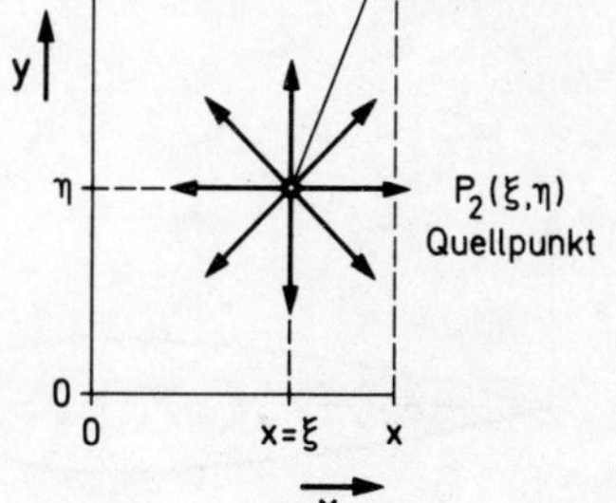

Bild 3.53 Quell- und Aufpunkt

Die Quell-Senkendichte $dQ/d\xi$ ist hierin so zu bestimmen, daß die Körperkontur Stromlinie wird. Die Voraussetzung des schlanken Körpers führt in der Bedingung für die Stromlinie (3.7) zu der wesentlichen Vereinfachung

$$\frac{dh}{dx} = \frac{v(x,h(x))}{u(x,h(x))} \approx \frac{v(x\,0)}{u_\infty} \quad . \tag{3.84}$$

Die Randbedingung wird damit auf der Profilsehne erfüllt. Benutzen wir (3.84) in (3.83b), so kcmmt mit der Substitution $\xi - x = ys$, $d\xi = yds$ in der Grenze $y \rightarrow 0$

$$v(x,y) = \frac{1}{2\pi} \int\limits_{-\frac{x}{y}}^{\frac{\ell-x}{y}} \frac{dQ(x+ys)}{d\xi} \frac{ds}{1+s^2} \xrightarrow[(y\to 0)]{} \frac{1}{2\pi} \frac{dQ}{dx} \int\limits_{-\infty}^{\infty} \frac{ds}{1+s^2} =$$

$$= \frac{1}{2} \frac{dQ}{dx} = u_\infty \frac{dh}{dx} \quad ,$$

$$\frac{dQ}{dx} = 2u_\infty \frac{dh}{dx} \quad . \tag{3.85}$$

Dies ist ein sehr anschauliches Ergebnis. Quellen ($dQ/dx > 0$) hat man dort anzubringen, wo sich der Körper erweitert, Senken dort, wo er zusammengezogen wird (Bild 3.54). (3.85) folgt im übrigen auch sofort aus der Formel für die Dicke des Halbkörpers (3.78), wenn man $d = 2h$ setzt und links und rechts eine Abhängigkeit von x zuläßt. Dies berücksichtigt dann die Wirkung der Quellbelegung anstelle der dort zugelassenen einzelnen Singularität. (3.85) ergibt mit (3.83a,b) die Lösung unseres Problems. Was bleibt, ist eine reine Integrationsaufgabe:

$$\frac{u - u_\infty}{u_\infty} = \frac{1}{\pi} \int\limits_0^\ell \frac{(x-\xi)\frac{dh}{d\xi}}{(x-\xi)^2 + y^2} \, d\xi \quad , \tag{3.86a}$$

Bild 3.54 Quell-Senkenverteilung und Körperkontur

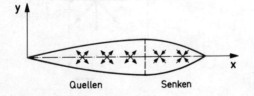

$$\frac{v}{u_\infty} = \frac{1}{\pi}\int_0^\ell \frac{y\,\frac{dh}{d\xi}}{(x-\xi)^2+y^2}\,d\xi \;. \tag{3.86b}$$

Besonders wichtig ist die Geschwindigkeit auf dem Profil $(y \rightarrow 0)$. Es wird aus (3.86a)

$$\frac{u(x,0)-u_\infty}{u_\infty} = \frac{1}{\pi}\oint_0^\ell \frac{\frac{dh}{d\xi}}{x-\xi}\,d\xi = \lim_{\varepsilon\to 0}\frac{1}{\pi}\left\{\int_0^{x-\varepsilon}\dots + \int_{x+\varepsilon}^{\ell}\dots\right\} \;. \tag{3.87}$$

Das singuläre Integral ist hierin im Sinne des Cauchyschen Hauptwertes zu bilden. Dabei wird die singuläre Stelle $\xi = x$ symmetrisch ausgeschlossen und zur Grenze $\varepsilon \rightarrow 0$ übergegangen (Bild 3.55). Wir berechnen die Geschwindigkeit für das Parabelzweieck:

$$h(x) = 4\,h_{max}\,x\,(1-x) = 2\,\tau\,x\,(1-x)\;, \qquad 0 \leqq x \leqq 1\,(\hat{=}\,\ell)\;. \tag{3.88}$$

Der Dickenparameter des Profils ist

$$\tau = \frac{2\,h_{max}}{\ell} \;.$$

(3.87) führt zu (Bild 3.56)

$$\frac{u(x,0)-u_\infty}{u_\infty} = \frac{4\tau}{\pi}\left\{1-\left(\frac{1}{2}-x\right)\ln\left|\frac{1-x}{x}\right|\right\}\;, \qquad -\infty < x < +\infty \;. \tag{3.89}$$

Im Dickenmaximum gilt

$$\left(\frac{u-u_\infty}{u_\infty}\right)_{max} = \frac{4\tau}{\pi} = 1{,}27\,\tau \;.$$

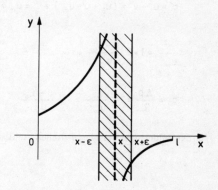

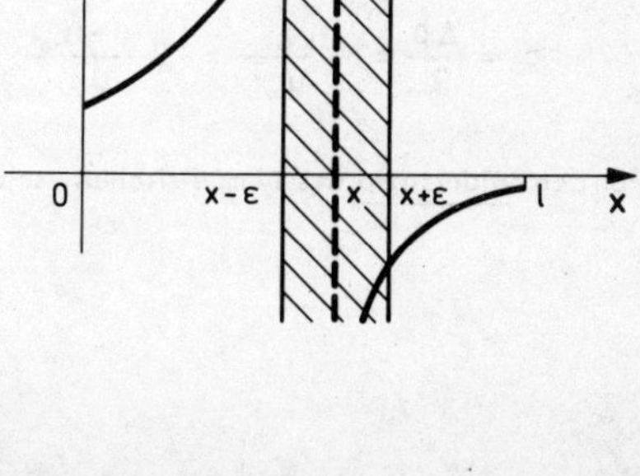

Bild 3.55 Zur Berechnung des Cauchyschen Hauptwertes

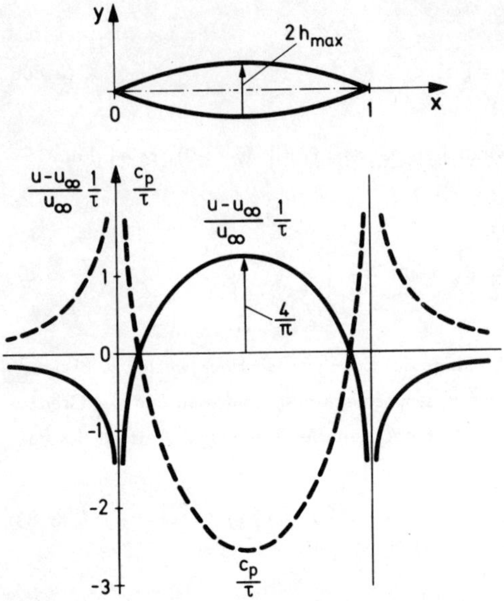

Bild 3.56 Geschwindigkeit beim Parabelzweieck

Die Geschwindigkeitsverteilung zeigt die früher gefundenen Charakteristika: vor dem Körper ein Aufstau, am Körper zunächst Beschleunigung, hinter dem Dickenmaximum wiederum Verzögerung bis zum hinteren Staupunkt. In den Staupunkten ergibt sich eine (schwache) logarithmische Singularität als Folge unserer vereinfachten Randbedingung. Dieser Fehler beeinflußt das Stromfeld nur geringfügig.

Der Druckkoeffizient (3.77) kann für die Umströmung schlanker Körper vereinfacht werden:

$$c^2 = u^2 + v^2 = (u_\infty + u - u_\infty)^2 + v^2 = u_\infty^2 + 2u_\infty(u - u_\infty) + \cdots ,$$

$$\frac{c^2}{u_\infty^2} = 1 + 2\,\frac{u - u_\infty}{u_\infty} + \cdots ,$$

$$c_p = \frac{\Delta p}{q} = 1 - \frac{c^2}{u_\infty^2} = -2\,\frac{u - u_\infty}{u_\infty} \quad . \tag{3.90}$$

Für den Widerstand des symmetrischen, schlanken Körpers erhalten wir (Bild 3.57)

Bild 3.57 Zur Berechnung des Widerstandes beim schlanken Körper

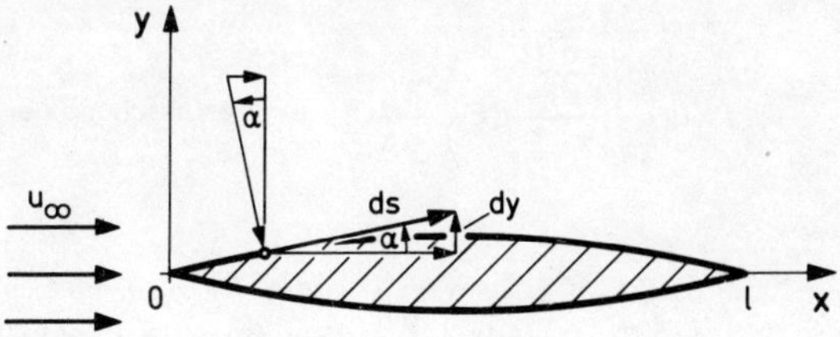

$$W = c_w \frac{\rho}{2} u_\infty^2 \, b \, \ell = 2 \int_0^\ell (p - p_\infty) \sin\alpha \; b \; ds =$$

$$= 2b \int_0^\ell (p - p_\infty) \frac{dh}{dx} \, dx ,$$

$$c_w = \frac{2}{\ell} \int_0^\ell c_p \frac{dh}{dx} \, dx = -\frac{4}{\ell} \int_0^\ell \frac{u - u_\infty}{u_\infty} \frac{dh}{dx} \, dx =$$

$$= -\frac{4}{\pi \ell} \int_0^\ell \left(\int_0^\ell \frac{\frac{dh}{d\xi}}{x - \xi} \, d\xi \right) \frac{dh}{dx} \, dx .$$

Das in dieser Darstellung auftretende Doppelintegral J ist Null. Dies erkennt man sofort durch Vertauschung der Integrationsvariablen und anschließende Änderung der Integrationsreihenfolge (Bild 3.58):

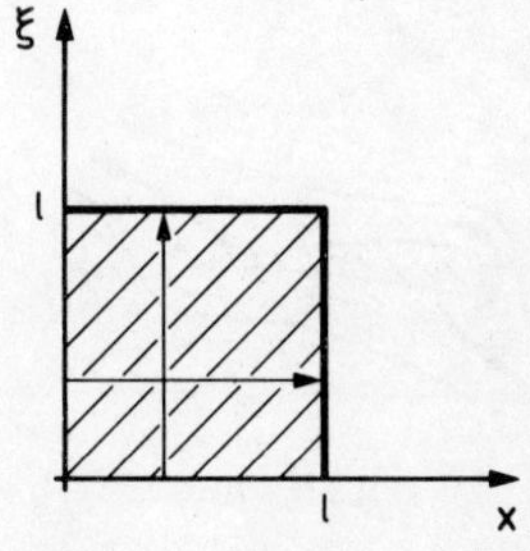

Bild 3.58 Zur Vertauschung der Integrationsreihenfolge

$$J = \int_0^\ell \left(\int_0^\ell \frac{\frac{dh}{d\xi}}{x-\xi}\, d\xi \right) \frac{dh}{dx}\, dx = \text{(Vertauschung der Variablen)} =$$

$$= \int_0^\ell \left(\int_0^\ell \frac{\frac{dh}{dx}}{\xi - x}\, dx \right) \frac{dh}{d\xi}\, d\xi = \text{(Änderung der Reihenfolge)} =$$

$$= \int_0^\ell \left(\int_0^\ell \frac{\frac{dh}{d\xi}}{\xi - x}\, d\xi \right) \frac{dh}{dx}\, dx = -J \; ,$$

$$J = 0 \; .$$

Der Widerstand ist Null. Damit ist im Rahmen unserer Theorie das D'Alembertsche Paradoxon für Potentialströmungen bewiesen.

Liegt eine zur x-Achse unsymmetrische Strömung vor, die durch eine Anstellung und/oder eine Wölbung erzeugt wird, so ist eine zusätzliche Wirbelbelegung der Profilsehne erforderlich. Die Rechnung verläuft ähnlich wie oben, allerdings mit dem Unterschied, daß sich keine eindeutige Lösung ergibt. Die Gesamtzirkulation des Profils Γ bleibt hierbei frei wählbar. Sie wird erst durch eine zusätzliche Bedingung, die in gewisser Weise die Reibung berücksichtigt, festgelegt. Wir diskutieren dies qualitativ für den Fall der angestellten Platte und des Tragflügels (Bild 3.59). Zu Beginn der Bewegung (Anfahrvorgang) liegt eine antisymmetrische Wir-

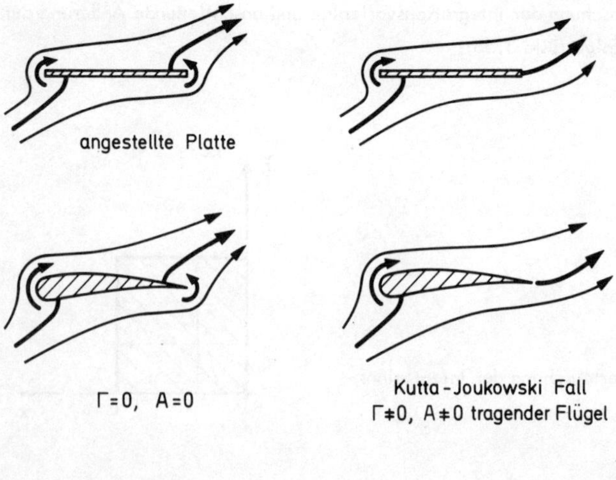

Bild 3.59 Umströmungen der angestellten Platte und eines Tragflügels

belverteilung vor (Bild 3.59 links). Die Plattenvorder- und -hinterkante wird umströmt. Die Gesamtzirkulation Γ verschwindet und nach (3.80) damit auch der Auftrieb. Es kommt sehr rasch zu einer Ablösung an der Hinterkante, die dazu führt, daß diese nicht mehr umströmt wird. Dann ist die sogenannte Kutta-Joukowski-Bedingung des glatten Abflusses erfüllt. Die Gesamtzirkulation ist hierdurch eindeutig festgelegt und von Null verschieden, genauso der Auftrieb. Dies ist der stationäre Endzustand des tragenden Flügels (Bild 3.59 rechts).

3.3 Strömungen mit Reibung

Die bisherigen Betrachtungen dienen als Vorbereitung für die Behandlung der Strömungen mit Verlusten.

3.3.1 Impulssatz mit Anwendungen

Dieser allgemeine Satz ist eine Bilanzaussage. Bei seiner Anwendung gehen zahlreiche Erfahrungen aus der Strömungslehre ein. Hierbei werden uns die an speziellen Stromfeldern gesammelten Einsichten zugute kommen.

Der Impuls eines Massenelements ist

$$d\vec{J} = \vec{w}\, dm = \rho\, \vec{w}\, dV\,. \tag{3.92}$$

Für ein Fluid vom Volumen $V(t)$ gilt damit

$$\vec{J} = \int\limits_{V(t)} \rho\, \vec{w}\, dV\,. \tag{3.93}$$

Der Impulssatz lautet: Die zeitliche Änderung des Impulses ist gleich der Resultierenden der äußeren Kräfte. Als äußere Kräfte $\vec{F_a}$ treten wie gewohnt Massen- und Oberflächenkräfte des im Volumen V eingeschlossenen Fluids auf:

$$\frac{d\vec{J}}{dt} = \frac{d}{dt} \int\limits_{V(t)} \rho\, \vec{w}\, dV = \sum \vec{F_a}\,. \tag{3.94}$$

Es handelt sich jetzt um die Umformung der Zeitableitung

$$\frac{d}{dt} \int\limits_{V(t)} \rho\, \vec{w}\, dV\,.$$

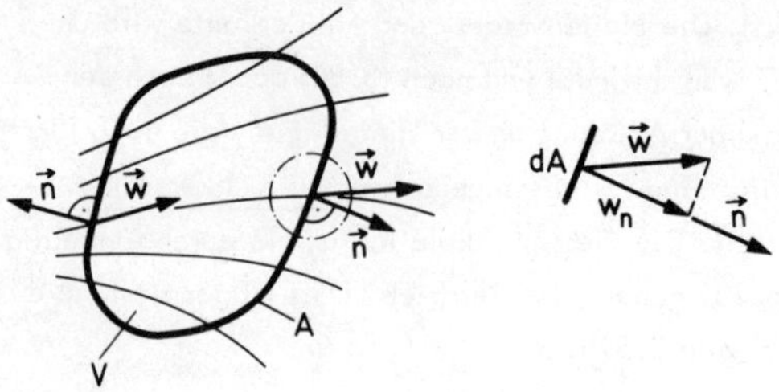

Bild 3.60 Zur Ableitung des Volumenintegrals

Die Herleitung kann anschaulich analog zur Kontinuität (3.64) erfolgen. Ersetzen wir den Integranden durch die skalare Funktion $f(x,y,z,t)$, so gilt (Bild 3.60)

$$\frac{d}{dt}\int_V f\,dV = \int_V \frac{\partial f}{\partial t}\,dV + \int_A f\,(\vec{w}\,\vec{n})\,dA. \tag{3.95}$$

Das erste Integral auf der rechten Seite beschreibt die lokale Änderung von f im Innern. Das zweite Integral gibt den resultierenden Strom durch die Oberfläche. $\vec{n}$ ist die äußere Normale, und $(\vec{w}\vec{n})dA = d\dot{V}$ ist der Volumenstrom durch das Oberflächenelement dA. Ersetzen wir f durch ρ, so kommt für die Erhaltung der Masse

$$0 = \frac{dM}{dt} = \frac{d}{dt}\int_V \rho\,dV = \int_V \frac{\partial \rho}{\partial t}\,dV + \int_A \rho(\vec{w}\,\vec{n})\,dA = \text{(Gaußscher Satz)} =$$

$$= \int_V \left\{\frac{\partial \rho}{\partial t} + \operatorname{div}(\rho\,\vec{w})\right\} dV\,,$$

d.h., es gilt (3.65). Ersetzen wir f der Reihe nach durch die Komponenten von $\rho\vec{w}$ und fassen alles zusammen, so geht (3.94) über in

$$\frac{d\vec{J}}{dt} = \frac{d}{dt}\int_V \rho\,\vec{w}\,dV = \int_V \frac{\partial \rho\vec{w}}{\partial t}\,dV + \int_A \rho\,\vec{w}\,(\vec{w}\,\vec{n})\,dA = \sum \vec{F}_a\,. \tag{3.96}$$

Der erste Anteil beschreibt die lokale Impulsänderung. Hierzu ist eine Kenntnis der Strömungsgrößen im Volumen erforderlich. Der zweite Anteil gibt den Impulsstrom durch die Oberfläche. Hier treten die Variablen nur am Rande auf.

Für stationäre Strömungen fällt das Volumenintegral fort. Die Strömungsdaten werden nur auf der Oberfläche des Kontrollbereiches benötigt.

$$\int_A \rho\, \vec{w}\,(\vec{w}\,\vec{n})\, dA = \sum \vec{F}_a \;. \tag{3.97}$$

Definieren wir als Impulskraft $\vec{F}_J$

$$\vec{F}_J = -\int_A \rho\, \vec{w}\,(\vec{w}\,\vec{n})\, dA \;, \tag{3.98}$$

so schreibt sich (3.97) in der sehr einfachen Form

$$\vec{F}_J + \sum \vec{F}_a = 0 \;. \tag{3.99}$$

Für die Impulskraft (3.98) gilt, daß sie lokal parallel zu $\vec{w}$ liegt und stets ins Innere des Kontrollbereiches gerichtet ist (Bild 3.61), denn

$$d\vec{F}_J = -\rho\, \vec{w}\,(\vec{w}\,\vec{n})\, dA \;. \tag{3.100}$$

Sind also die Strömungsdaten auf der Berandung bekannt, so sind Rückschlüsse auf die angreifenden Kräfte möglich. Bei der Anwendung dieses Satzes kommt es sehr auf eine geeignete Wahl des Kontrollbereiches an. Dabei gehen viele Erfahrungen ein, die wir früher gesammelt haben. Es ist wichtig, daß, abgesehen von der Stationarität, keine weiteren Voraussetzungen erforderlich sind. Insbesondere sind verlustbehaftete Strömungen mit eingeschlossen. Die Verluste gehen hier über die Randvorgaben ein.

Wir behandeln jetzt einige Beispiele.

1. Durchströmen eines Krümmers

Erfragt ist die vom strömenden Medium auf die Innenwand ausgeübte Kraft. Wir nehmen Geschwindigkeit $\vec{w}$ und Druck p am Eintritt (1) und am Austritt (2) als bekannt an (Bild 3.62). Sehen wir von der Schwerkraft ab, so lautet (3.99) hier

$$0 = \sum \vec{F}_a + \vec{F}_J = \vec{F}_{D_1} + \vec{F}_{D_2} + \vec{F}_{3,4} + \vec{F}_{J_1} + \vec{F}_{J_2} \;.$$

Mit der Druckkraft

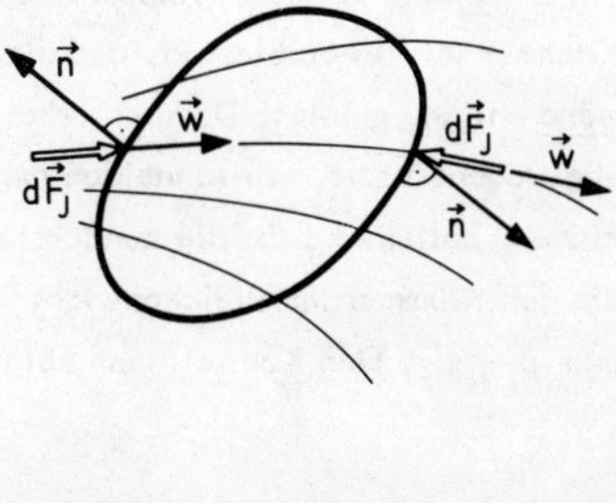

Bild 3.61 Kontrollbereich mit Bezeichnungen

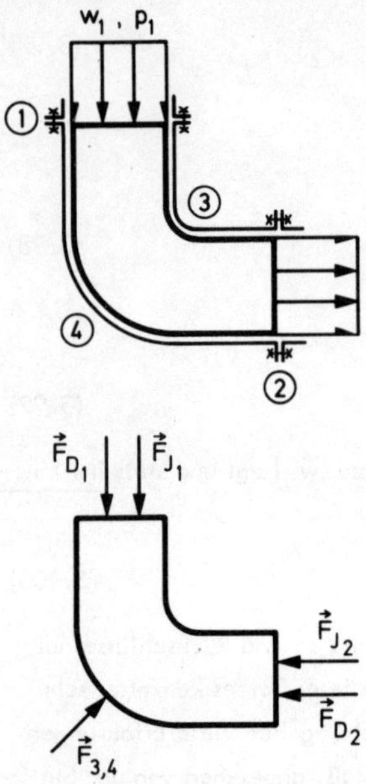

Bild 3.62 Krümmerströmung

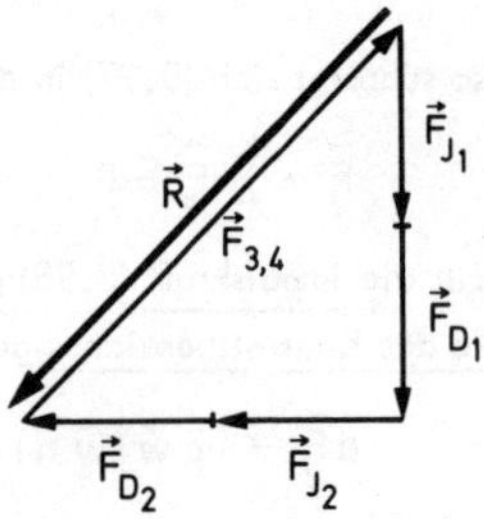

Bild 3.63 Krafteck beim Krümmer

$$\vec{F}_D = -\int_A p\,\vec{n}\,dA \tag{3.101}$$

und $\vec{F}_{3,4}$ als Kraft, die die Innenwand des Krümmers auf das strömende Medium überträgt. $\vec{R} = -\vec{F}_{3,4}$ ist die gesuchte Resultierende, die von der Strömung auf die Krümmerinnenwand ausgeübt wird. Impulskräfte treten auf den Rändern (3, 4) nicht auf, da sie nicht durchströmt werden. Das Krafteck (Bild 3.63) liefert das Ergebnis nach Größe und Richtung. Bei der quantitativen Behandlung muß man beachten, daß die Vorgaben in den Querschnitten (1) und (2) in der Regel nicht konstant sind. Für Impuls und Druckkraft sind dann die Integrale (3.98) sowie (3.101) auszuwerten. Für die Geschwindigkeit am Ein- und Austritt zeigt Bild 3.64 eine Möglichkeit. Durch diese Vorgaben werden die Verluste im Stromfeld berücksichtigt.

Wir behandeln dasselbe Problem noch einmal bei geändertem Kontrollraum. Der Krümmer sei frei ausblasend, und die Kontrollfläche werde an der Krümmeraußenwand entlang geführt. Dadurch erhalten wir diesmal die insgesamt auf den Krümmer übertragene Kraft. Wir schneiden am Eintritt durch die Bolzen, die die Flanschverbindung halten. $\vec{F}_B$ ist die zunächst willkürlich angenommene gesuchte Haltekraft, die den Krümmer im Gleichgewicht hält. Gegeben sind: w_1 und p_1 sowie w_2 und $p_2 = p_a$. Den Kontrollraum zeigt Bild 3.65. Tragen wir alle Kräfte ein, so

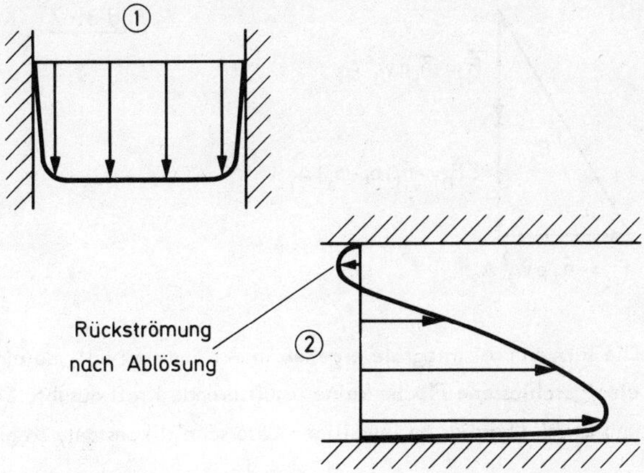

Bild 3.64 Geschwindigkeit am Ein- und Austritt

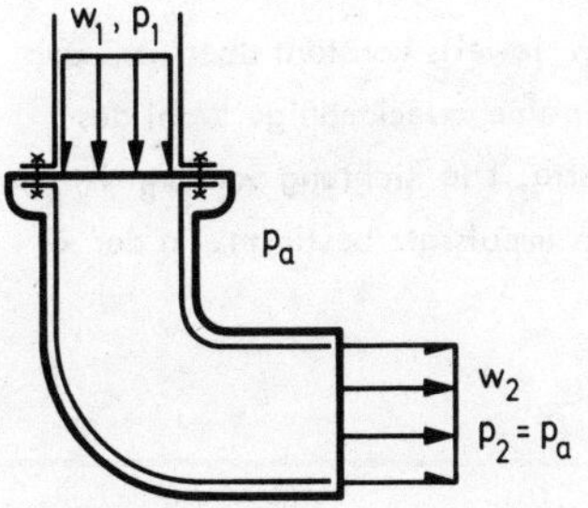

Bild 3.65 Kontrollraum umschließt den Krümmer

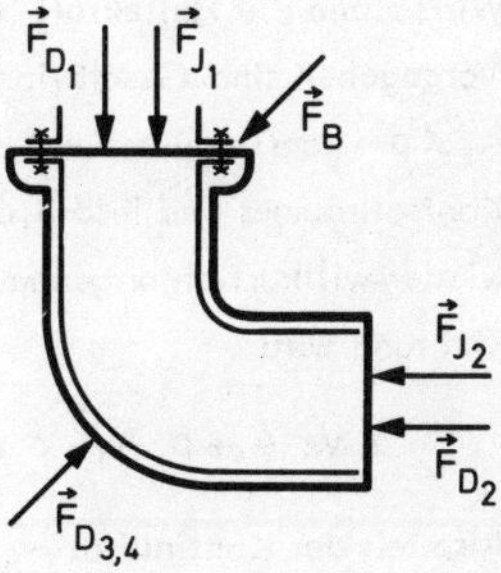

Bild 3.66 Kräfte am Kontrollraum

kommt Bild 3.66. $\vec{F}_{D_{3,4}}$ ist die durch den Außendruck p_a auf den Krümmermantel ausgeübte Druckkraft. Der Impulssatz lautet

$$\vec{F}_{J_1} + \vec{F}_{J_2} + \vec{F}_{D_1} + \vec{F}_{D_2} + \vec{F}_{D_{3,4}} + \vec{F}_B = 0 \, .$$

Die Druckkräfte lassen sich hierin einfach zusammenfassen

$$\vec{F}_{D_1} + \vec{F}_{D_2} + \vec{F}_{D_{3,4}} = -\left\{ \int\limits_{A_1} (p_1 - \underline{p_a})\, \vec{n}\, dA + \int\limits_{A_1} \underline{p_a}\, \vec{n}\, dA + \int\limits_{A_2} p_a\, \vec{n}\, dA + \int\limits_{A_{3,4}} p_a\, \vec{n}\, dA \right\} =$$

$$= -\int\limits_{A_1} (p_1 - p_a)\, \vec{n}\, dA \, .$$

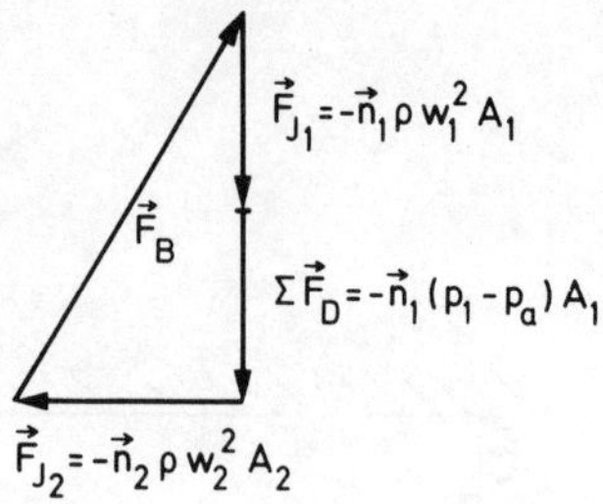

Bild 3.67 Krafteck beim Krümmer

Die letzten drei Integrale ergeben in der Summe Null, da ein konstanter Druck auf eine geschlossene Fläche keine resultierende Kraft ausübt. Sind Geschwindigkeit und Druck überdies im jeweiligen Querschnitt konstant, so gilt Bild 3.67.

2. Düse und Diffusor frei ausblasend

Wir suchen die Haltekraft $\vec{F}_B$, die in der Flanschverbindung an der Düse angreift. Vorgegeben sind Geschwindigkeit w und Druck p jeweils konstant über A_1 und A_2, ρ = konst, außerdem $p_2 = p_a$. Bild 3.68 zeigt eine zweckmäßige Wahl des Kontrollraumes und Bild 3.69 die angreifenden Kräfte. Die Richtung von $\vec{F}_B$ ist wieder willkürlich angenommen; sie wird durch den Impulssatz bestimmt. In der x-Richtung wird

$$\rho\, w_1^2 A_1 + p_1 A_1 - \rho\, w_2^2 A_2 - p_a A_1 + F_B = 0\,.$$

Also mit der Kontinuität $w_1\, A_1 = w_2\, A_2$

$$F_B = \rho\, w_2^2 \left(A_2 - \frac{A_2^2}{A_1}\right) + \left(p_a - p_1\right) A_1\,. \tag{3.102}$$

Setzen wir hier zusätzlich reibungsfreie Strömung voraus, so führt die Bernoulli-

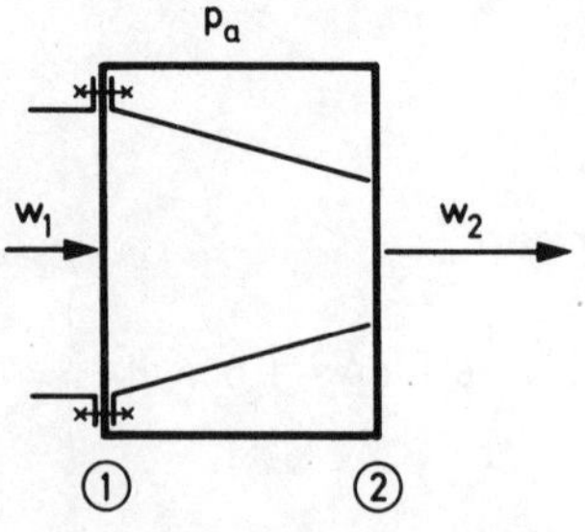

Bild 3.68 Kontrollraum bei der Düsenströmung

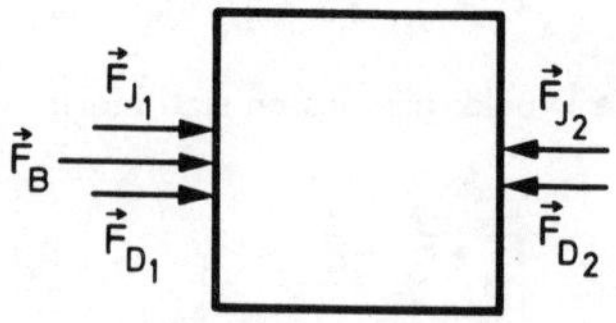

Bild 3.69 Kräfte am Kontrollraum

Gleichung zu

$$p_1 - p_a = \frac{\rho}{2}\,(w_2^2 - w_1^2) = \frac{\rho}{2}\,w_2^2\left(1 - \frac{A_2^2}{A_1^2}\right) \quad .$$

Damit wird aus (3.102)

$$F_B = -\frac{\rho}{2}\,w_2^2\,A_1\left(1 - \frac{A_2^2}{A_1^2} - 2\,\frac{A_2}{A_1} + 2\,\frac{A_2^2}{A_1^2}\right) \quad ,$$

$$R = -F_B = \frac{\rho}{2}\,w_2^2\,A_1\left(1 - \frac{A_2}{A_1}\right)^2 = \frac{\rho}{2}\,w_1^2\,A_1\left(\frac{A_1}{A_2} - 1\right)^2 \quad . \qquad (3.103)$$

Dies ist die insgesamt auf die Düse übertragene Kraft. Sie wirkt in Strömungsrichtung, und zwar gleichgültig ob $A_2 < A_1$ (Düse) oder $A_2 > A_1$ (Diffusor) ist. Die Bolzen werden also in jedem Fall auf Zug beansprucht. Dieses Ergebnis kann man sich sofort auch anschaulich aufgrund der Druckverteilung klarmachen (Bild 3.70). Es sei ausdrücklich hervorgehoben, daß dieses Resultat nur unter den gemachten Voraussetzungen richtig ist. Für kompressible Strömungen ergibt sich z.B. bei der Laval-Düse ein ganz anderes Ergebnis. Hier kommt ein Schub, der zum Antrieb dient. Der Leser diskutiere diesen Fall!

3. Carnotscher Stoßdiffusor

Wir betrachten einen Diffusor mit unstetiger Querschnittserweiterung (Bild 3.71). Fragen der Platzersparnis führen u.a. zu einer solchen Bauweise. Im einzelnen liegt ein komplizierter Strömungsvorgang vor. Es kommt zu einer Ablösung an der scharfen Kante mit anschließendem Vermischungsvorgang. Die Drucksteigerung von $1 \rightarrow 2$ kann ermittelt werden, ohne daß alle Einzelheiten der Strömung bekannt sind. Als Voraussetzungen benutzen wir:

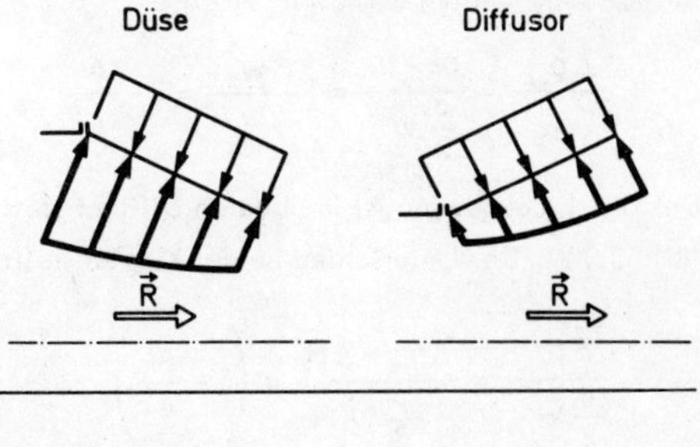

Bild 3.70 Druckverteilung bei Düse und Diffusor

S. Carnot, 1796-1832

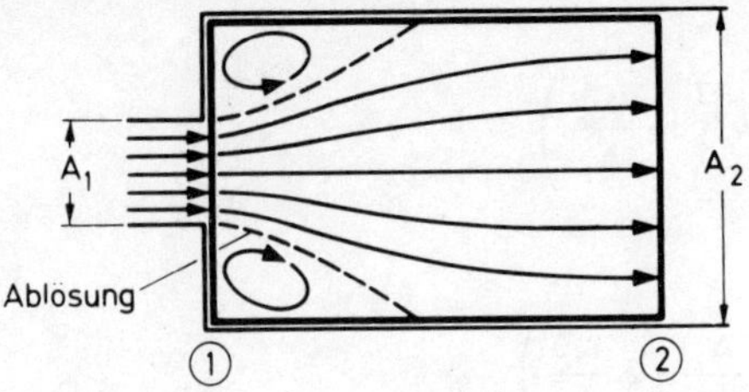

Bild 3.71 Strömung im Carnot-Diffusor

a) w_1 und w_2 sind konstant über den jeweiligen Querschnitt.

b) p_1 ist konstant über den ganzen Querschnitt (Fläche A_2!) infolge Ablösung.

c) Die Wandreibung an der Diffusorinnenwand kann vernachlässigt werden.

d) Stationäre Strömung.

Die Annahme a) erfordert, daß der Diffusor eine Länge von etwa 8 Durchmessern hat. Mit den später hergeleiteten Ergebnissen kann man abschätzen, daß auf einer solchen Länge der Druckabfall durch Wandreibung sehr gering ist.

Der Impulssatz lautet unter diesen Annahmen für ein inkompressibles Strömungsmedium

$$\rho\, w_1^2 A_1 + p_1 A_2 - \rho\, w_2^2 A_2 - p_2 A_2 = 0 \, .$$

Mit der Kontinuität wird

$$\Delta p_{Carnot} = p_2 - p_1 = \rho\, w_1^2 \frac{A_1}{A_2} - \rho\, w_2^2 = \rho\, w_1 w_2 - \rho\, w_2^2 \, ,$$

$$\frac{\Delta p_c}{\frac{\rho}{2} w_1^2} = 2 \frac{w_2}{w_1}\left(1 - \frac{w_2}{w_1}\right) = 2 \frac{A_1}{A_2}\left(1 - \frac{A_1}{A_2}\right) \, . \qquad (3.104)$$

Bei stetiger Querschnittsänderung und reibungsfreier Strömung kommt im Idealfall für den sogenannten Bernoulli-Diffusor

$$\frac{\Delta p_{id}}{\frac{\rho}{2} w_1^2} = \frac{p_2' - p_1}{\frac{\rho}{2} w_1^2} = 1 - \frac{w_2^2}{w_1^2} = 1 - \frac{A_1^2}{A_2^2} \, . \qquad (3.105)$$

Der Druckrückgewinn ist im idealen Diffusor stets größer als im Carnot-Diffusor (Bild 3.72). Der Unterschied beider Kurven stellt ein Maß für den Verlust dar:

$$\frac{\Delta p_{v,c}}{\frac{\rho}{2} w_1^2} = \frac{\Delta p_{id} - \Delta p_c}{\frac{\rho}{2} w_1^2} = \left(1 - \frac{A_1}{A_2}\right)^2 \, . \qquad (3.106)$$

Bild 3.72 Druckrückgewinn beim idealen Diffusor und bei Carnot

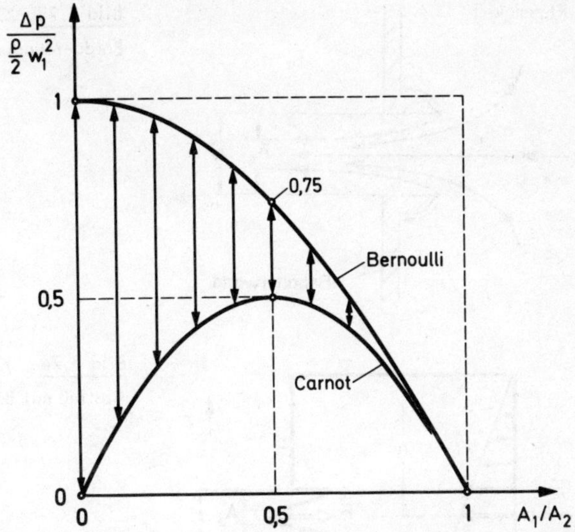

Er fällt besonders ins Gewicht im Grenzfall $A_1/A_2 \to 0$. Hier kommt es zu einem Ausblasen in den Halbraum (A_1 fest, $A_2 \to \infty$). Mit Bernoulli ist $w_2 = 0$ und $\Delta p \to \rho/2 \; w_1^2$, d.h., der Druck steigt um genau den dynamischen Druck. Beim Carnot-Diffusor kommt dagegen keine Drucksteigerung. Die gesamte kinetische Energie der Zuströmung bewirkt durch Vermischung eine Erwärmung des Mediums.

Die Bezeichnung Stoßdiffusor rührt von der Analogie zum Carnot-Stoß zwischen zwei unelastischen Massen her. Dem Verlust der kinetischen Energie dort entspricht der Druckverlust hier.

4. Borda-Mündung

Wir betrachten den Ausfluß aus einer scharfkantigen Mündung (Bild 3.73). Hier kommt es zu einer Strahlkontraktion von $A \to A_s$, da eine sprunghafte Umlenkung nicht möglich ist. Das strömende Medium schafft sich sozusagen selbst einen abgerundeten Auslauf. Auf die freie Strahlbegrenzung wirkt hierbei der konstante Druck p_a der Umgebung. Die Größe der Strahlkontraktion ist mit dem Impulssatz zu ermitteln. Wir betrachten hierzu den Ausfluß aus einem Behälter mit einer Borda-Mündung (Bild 3.74). Rechnen wir nur mit dem Überdruck gegenüber der Atmosphäre, so kommt in x-Richtung ein Gleichgewicht zwischen der Druckkraft (2.19)

J.Ch. de Borda, 1733-1799

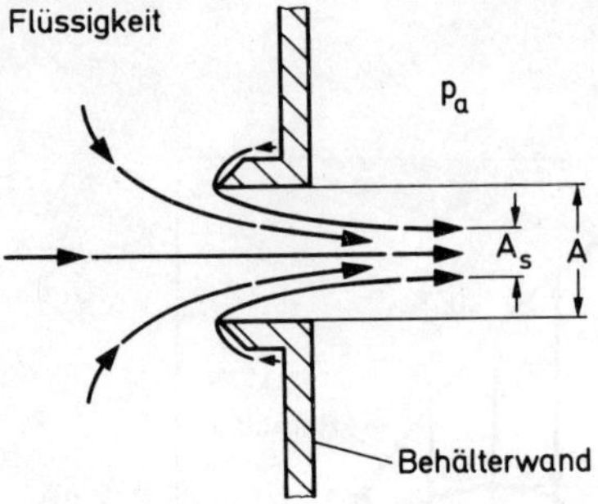

Bild 3.73 Strömung durch eine Borda-Mündung

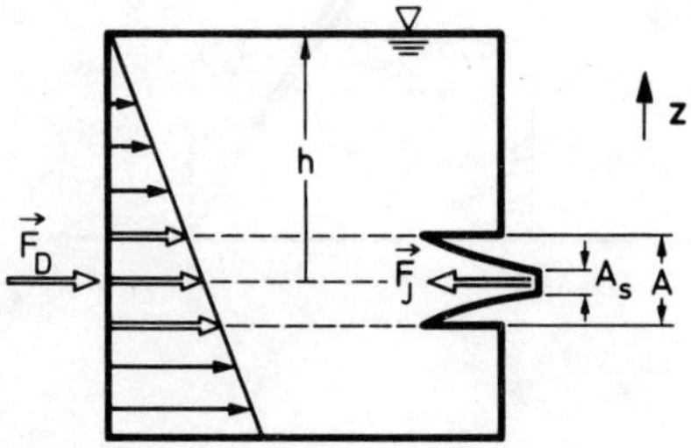

Bild 3.74 Kontrollbereich beim Ausfluß mit Borda-Mündung

$$F_D = g\,\rho\,h\,A$$

auf die linke Berandung und der Impulskraft im Strahl

$$F_j = \rho\,w^2 A_s\,.$$

Setzen wir beide Größen gleich, so wird die Strahlkontraktion

$$\frac{A_s}{A} = \frac{g\,h}{w^2}\,.$$

Benutzen wir hierin die Torricellische Ausflußformel $w = \sqrt{2gh}$, so ist

$$\frac{A_s}{A} = \frac{1}{2}\,. \tag{3.107}$$

Die Experimente ergeben größere Werte: 0,5 bis 0,6, je nachdem, wie weit die scharfkantige Mündung in den Behälter ragt. 0,6 entspricht dem Grenzfall, daß die Mündung bündig mit der Behälterwand ist.

5. Schub eines luftatmenden Triebwerkes

Wir wenden den Impulssatz auf ein Triebwerk eines Flugzeuges an. Die Kontrollflächen seien dabei so weit vom Triebwerk entfernt, daß auf ihnen der Druck $p = p_\infty$ ist (Bild 3.75). Der Fangquerschnitt A_∞ wird durch den Antrieb auf den Strahlquerschnitt A_s verringert unter gleichzeitiger Steigerung der Geschwindigkeit $u_\infty \longrightarrow u_s$. Eine Massenstrombilanz für den Bereich außerhalb des Triebwerkes liefert

$$\rho_\infty u_\infty (A - A_\infty) + \dot{m} = \rho_\infty u_\infty (A - A_s) \; ,$$

$$\dot{m} = \rho_\infty u_\infty (A_\infty - A_s) \; .$$

Es kommt also zu einem Zustrom von Masse durch die seitlichen Kontrollflächen. Dies führt dort zu einer Impulskraft, deren x-Komponente den Wert hat:

$$F_{J,x} = - \int_M \rho \vec{w}_x (\vec{w}\vec{n}) \, dA = u_\infty \dot{m} = \rho_\infty u_\infty^2 (A_\infty - A_s) \; .$$

Damit lautet der Impulssatz

$$\rho_\infty u_\infty^2 A + \rho_\infty u_\infty^2 (A_\infty - A_s) - \rho_s u_s^2 A_s - \rho_\infty u_\infty^2 (A - A_s) + F_T = 0 \; .$$

Hierin ist F_T die Haltekraft, die an der Triebwerksbefestigung auftritt, damit Gleichgewicht herrscht. Für sie kommt

$$F_T = \rho_s u_s^2 A_s - \rho_\infty u_\infty^2 A_\infty = \dot{m}_T (u_s - u_\infty) \qquad (3.108)$$

mit $\dot{m}_T = \rho_s u_s A_s = \rho_\infty u_\infty A_\infty$ als Massenstrom im Triebwerk. Für den Schub gilt $S = - F_T$. Er ist direkt proportional erstens dem Massenstrom $\dot{m}$ und zweitens der

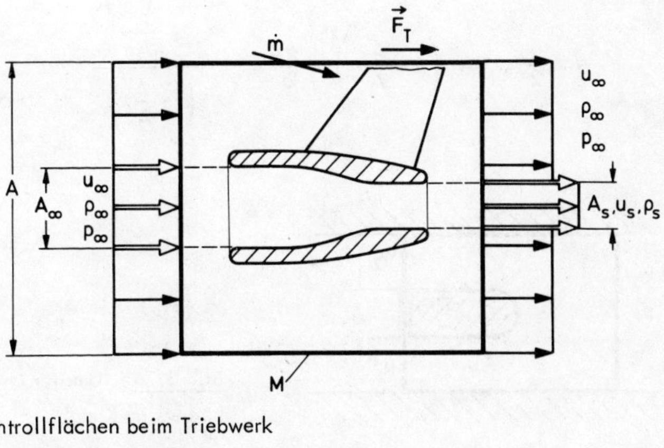

Bild 3.75 Kontrollflächen beim Triebwerk

Geschwindigkeitssteigerung im Strahl gegenüber der Umgebung $u_s - u_\infty$. Dadurch wird klar, welche Möglichkeiten zur Steigerung des Schubs bestehen.

6. Widerstand eines Halbkörpers im Kanal

Wir untersuchen die inkompressible, reibungsfreie Umströmung eines Halbkörpers in einem Kanal (Bild 3.76). Hier liegt ein endlicher Strömungsquerschnitt vor, und es kommt zu einigen Unterschieden gegenüber früheren Betrachtungen. Insbesondere gilt hier nicht das D'Alembertsche Paradoxon. Es ergibt sich ein Widerstand, den wir mit dem Impulssatz ermitteln können. Zur Bestimmung der Kraftwirkung auf einen Körper ist entscheidend, welche Bedingungen auf der Rückseite des Körpers herrschen. Bei einem Halbkörper sind diese a priori nicht definiert. Wir bringen daher im Querschnitt (2), in genügender Entfernung von der Körperspitze, einen Schnitt an und setzen daselbst zusätzlich $p = p_2$ voraus. Jetzt kommt für die Grundgleichungen

$$\text{Kontinuität:}\quad w_1 A_1 = w_2 A_2 \quad \text{mit} \quad A_2 = A_1 - A. \tag{3.109}$$

$$\text{Impulssatz:}\quad \rho\, w_1^2 A_1 + p_1 A_1 - \rho\, w_2^2 A_2 - p_2 A_1 + F_K = 0. \tag{3.110}$$

Hier ist F_K die Haltekraft des Körpers und $W = -F_K$ der Widerstand:

$$W = \rho\, w_1^2 A_1 - \rho\, w_2^2 A_2 + (p_1 - p_2) A_1 . \tag{3.111}$$

Die Bernoulli-Gleichung liefert für die betrachtete reibungsfreie Strömung mit der Kontinuität

$$p_1 - p_2 = \frac{\rho}{2}\,(w_2^2 - w_1^2) = \frac{\rho}{2}\, w_1^2 \left(\frac{A_1^2}{A_2^2} - 1\right).$$

Dies führt mit (3.111) zu

$$W = \frac{\rho}{2}\, w_1^2 A_1 \left(1 - \frac{A_1}{A_2}\right)^2 = \frac{\rho}{2}\, w_1^2\, A\, \frac{\frac{A}{A_1}}{\left(1 - \frac{A}{A_1}\right)^2} . \tag{3.112}$$

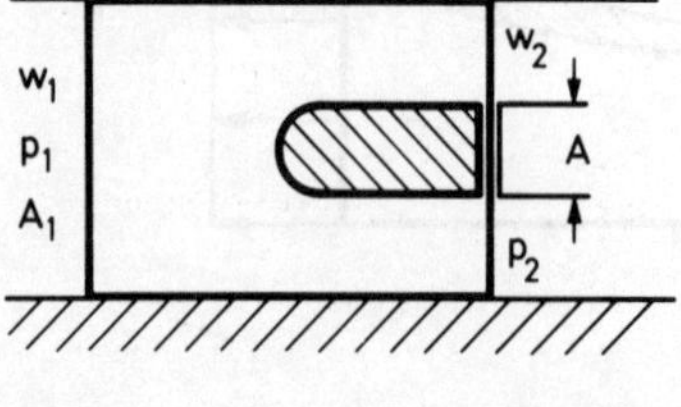

Bild 3.76 Umströmung eines Halbkörpers im Kanal

Hierin können wir

$$c_w = \frac{\frac{A}{A_1}}{\left(1 - \frac{A}{A_1}\right)^2} \tag{3.113}$$

als dimensionslosen Widerstandsbeiwert für einen Körper im Kanal auffassen. A/A_1 ist das charakteristische Flächenverhältnis, das ein Maß für die Versperrung liefert. Für $A_1/A_2 \to 1$, d.h. im unendlich ausgedehnten Stromfeld, ist $W \to 0$.

3.3.2 Drehimpulssatz mit Anwendung

Analog zum Impulssatz gibt es eine entsprechende Aussage über die Momente. Dies ist für viele Anwendungen wichtig. Denn erst hierdurch ergeben sich die Angriffspunkte der vorstehend ermittelten Kräfte. Besonders interessant sind diese Betrachtungen für Strömungsmaschinen. Es ergibt sich zwanglos die beim Durchströmen eines Laufrades aufgenommene oder abgegebene Leistung.

Der Drehimpuls eines Massenelementes ist

$$d\vec{L} = (\vec{r} \times \vec{w})\, dm = \rho\, (\vec{r} \times \vec{w})\, dV . \tag{3.114}$$

Für ein Fluid des Volumens $V(t)$ ist also

$$\vec{L} = \int_{V(t)} \rho\, (\vec{r} \times \vec{w})\, dV . \tag{3.115}$$

Die zeitliche Änderung dieses Drehimpulses ist gleich der Summe aller angreifenden äußeren Momente $(= \sum \vec{M}_a)$.

Letztere resultieren aus den früher besprochenen Massen- und Oberflächenkräften $(= \sum \vec{F}_a)$.

$$\frac{d\vec{L}}{dt} = \frac{d}{dt} \int_{V(t)} \rho\, (\vec{r} \times \vec{w})\, dV = \sum \vec{M}_a . \tag{3.116}$$

Wir benutzen auch hier für jede Komponente die Beziehung (3.95) und fassen anschließend alles zusammen:

$$\frac{d\vec{L}}{dt} = \frac{d}{dt}\int_V \rho(\vec{r}\times\vec{w})\,dV = \int_V \frac{\partial\rho(\vec{r}\times\vec{w})}{\partial t}\,dV + \int_A \rho(\vec{r}\times\vec{w})(\vec{w}\,\vec{n})\,dA = \sum \vec{M}_a .$$

Die Diskussion ist ähnlich wie im Fall des Impulssatzes. Für stationäre Strömungen fällt das Volumenintegral fort, und wir benötigen die Strömungsdaten wieder nur auf der Oberfläche des Kontrollbereiches:

$$\int_A \rho\,(\vec{r}\times\vec{w})(\vec{w}\,\vec{n})\,dA = \sum \vec{M}_a . \tag{3.117}$$

Diese Voraussetzung ist diesmal etwas problematisch. Bei einer Strömungsmaschine handelt es sich vorwiegend um eine instationäre Strömung. Erst in einem mit dem Laufrad rotierenden System kann man von einer stationären Strömung sprechen. Definieren wir als Impulsmoment $\vec{M}_J$ analog zu (3.98):

$$\vec{M}_J = -\int_A \rho\,(\vec{r}\times\vec{w})(\vec{w}\,\vec{n})\,dA , \tag{3.118}$$

so schreibt sich (3.117) ähnlich wie der Impulssatz in der sehr einfachen Form

$$\vec{M}_J + \sum \vec{M}_a = 0 . \tag{3.119}$$

Für das Impulsmoment (3.118) gilt, daß es lokal parallel zu $\vec{r}\times\vec{w}$ liegt, denn

$$d\vec{M}_J = -\rho\,(\vec{r}\times\vec{w})(\vec{w}\,\vec{n})\,dA . \tag{3.120}$$

Die Bedeutung wird an einem Beispiel erläutert.

1. Durchströmen eines radialen Laufrades

Ein Turbinenlaufrad (Winkelgeschwindigkeit ω) werde radial von außen nach innen durchströmt (Bild 3.77). Das Fluid tritt bei r_1 mit der absoluten Geschwindigkeit $\vec{c}_1 = (c_{1r}, c_{1u})$ in den Laufradkanal ein und verläßt ihn bei $r_2 < r_1$ mit der Absolutgeschwindigkeit $\vec{c}_2 = (c_{2r}, c_{2u})$. Legen wir den Kontrollbereich so, daß er mit einem Schaufelkanal zusammenfällt (Bild 3.78), so ist

$$0 = \sum \vec{M}_a + \vec{M}_J = \vec{M}_s + \vec{M}_{J_1} + \vec{M}_{J_2} .$$

Die Druckkräfte am Ein- und Austritt geben kein Moment, da sie radial gerichtet sind. $\vec{M}_s$ ist das von den Schaufeln (also von außen!) an das Fluid übertragene Moment. $-\vec{M}_s = \vec{M}_{Tu}$ ist dann das an der Welle abzunehmende nutzbare Turbinenmoment. Mit $\vec{w} = \vec{c}_1$ bzw. $\vec{c}_2$ wird

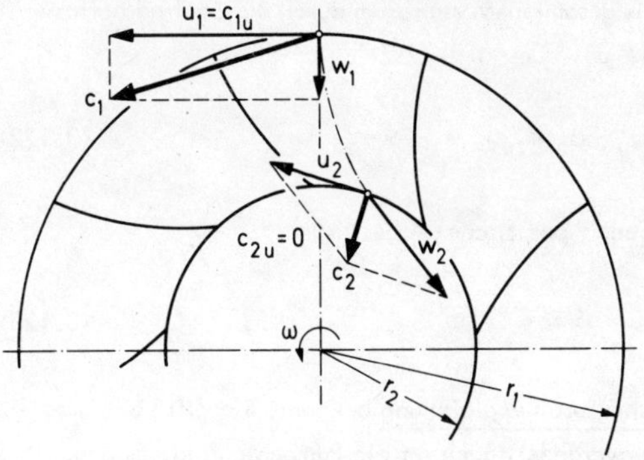

Bild 3.77 Durchströmen eines Turbinenlaufrades

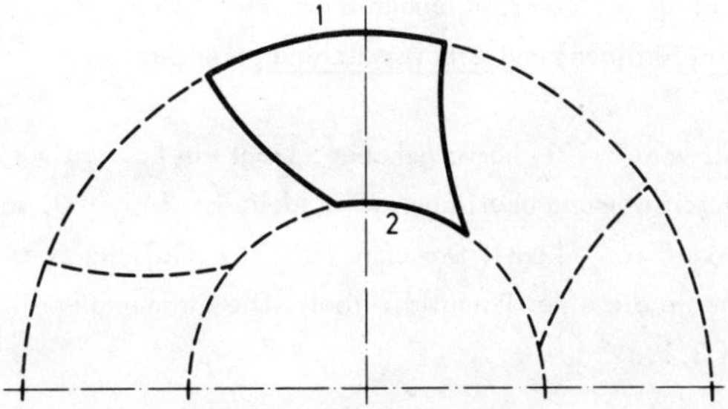

Bild 3.78 Kontrollbereich im Schaufelkanal

$$M_{J_1} = \int_{\varphi} \rho \; r_1^2 \; c_{1u} \; c_{1r} \; d\varphi \, b \, ,$$

$$M_{J_2} = -\int_{\varphi} \rho \, r_2^2 \; c_{2u} \; c_{2r} \, d\varphi \, b \, ,$$

b = Breite des Laufrades. Sind die Geschwindigkeiten auf den entsprechenden Radien konstant, so vereinfachen sich die allgemein gültigen Darstellungen zu

$$M_{J_1} = \dot{m} \; r_1 \; c_{1u} \quad , \quad M_{J_2} = - \dot{m} \; r_2 \; c_{2u} \quad ,$$

$$M_{T_u} = \dot{m} \; (r_1 \, c_{1u} - r_2 \, c_{2u}) \quad . \qquad (3.121)$$

Wir wollen hierin $\dot{m}$ bereits als gesamten Massenstrom durch das Laufrad auffassen. Für die Radleistung folgt $(r_1\,\omega = u_1,\ r_2\,\omega = u_2)$

$$P = M_{Tu} \cdot \omega = \dot{m}\,(u_1\,c_{1u} - u_2\,c_{2u})\ . \tag{3.122}$$

Die pro Masseneinheit abgegebene (spezifische) Arbeit ist

$$\frac{P}{\dot{m}} = u_1\,c_{1u} - u_2\,c_{2u}\ . \tag{3.123}$$

Diese Gleichung ist als Eulersche Turbinengleichung bekannt. Sie gilt bei Vorzeichenumkehr der rechten Seite unverändert auch für ein Pumpenlaufrad. Es handelt sich dann bei (3.123) um die spezifische vom Fluid aufgenommene Arbeit. Beide Fälle unterscheiden sich nur in der Richtung der Energieübertragung zwischen dem die Maschine durchströmenden Fluid und den rotierenden Bauteilen. Man spricht häufig auch von Kraftmaschinen (Turbinen) und Arbeitsmaschinen (Pumpen).

Abschließend sei ein Spezialfall von (3.121) hervorgehoben. Liegt ein Laufrad vor, auf das kein Moment bei der Durchströmung übertragen wird, d.h. ist $M_{Tu} = 0$, so gilt offenbar entweder $\dot{m} = 0$ oder rc_u = konst. Der erste Fall ist trivial, im zweiten Fall ist die Umfangskomponente die eines Potentialwirbels. Die Strömung erfolgt auf Spiralbahnen (Kapitel 3.1.3).

3.3.3 Grundsätzliches zum Reibungseinfluß - Kennzahlen

Mit dem Impulssatz können, wie wir gesehen haben, Reibungsverluste berücksichtigt werden. Sie gehen auf dem Umweg über die Vorgaben auf der Berandung des Kontrollraumes ein. Diese können Messungen oder Rechnungen entnommen werden. Wir wollen in einem besonders einfachen Fall den Reibungseinfluß quantitativ ermitteln. Im wesentlichen handelt es sich hierbei um eine Erweiterung der früher besprochenen Stromfadentheorie. s und n bezeichnen die Koordinaten in Strömungsrichtung und senkrecht dazu (Bild 3.79). Es soll hier nur der Einfluß der tangential zur Strömungsrichtung wirkenden Schubspannung τ untersucht werden. Bei der vollständigen Betrachtung tritt ein Reibungstensor auf. Wir kommen unten darauf zurück. Die Schubspannung τ bewirkt, daß die einzelnen Schichten miteinander verheftet sind. Wir schneiden ein Massenelement heraus und wählen ein beliebiges Geschwindigkeitsprofil in n-Richtung (Bild 3.79 rechts). Die Pfeile geben die Richtungen der Reibungskräfte an, die von außen auf das betrachtete Element übertragen werden (Bild 3.79 links). Sie hängen von dem gewählten Profil ab. Es entsteht hier eine

Bild 3.79 Zum Reibungseinfluß im Stromfaden

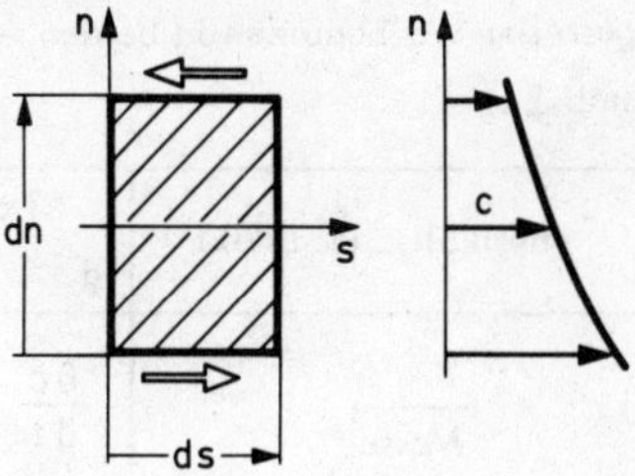

kleine Schwierigkeit bei der richtigen Wahl des Vorzeichens, weshalb dieses Beispiel ausführlich diskutiert wird. Für den in Bild 3.79 skizzierten Fall kommt

$$\frac{\text{Reibungskraft}}{\text{Masse}} = \frac{dR}{dm} = \frac{\{-(|\tau| + d|\tau|) + |\tau|\} ds\ db}{\rho\ ds\ dn\ db} = -\frac{1}{\rho}\frac{d|\tau|}{dn} , \qquad (3.124)$$

worin der Betrag der Schubspannung $|\tau|$ mit dem Newtonschen Ansatz gegeben ist durch

$$|\tau| = \begin{cases} \mu \dfrac{\partial c}{\partial n} , & \dfrac{\partial c}{\partial n} > 0 , \\ -\mu \dfrac{\partial c}{\partial n} , & \dfrac{\partial c}{\partial n} < 0 . \end{cases} \qquad (3.125)$$

Tragen wir für den in Bild 3.79 dargestellten Fall (3.125) in (3.124) ein, so wird

$$\frac{dR}{dm} = \frac{1}{\rho}\frac{\partial}{\partial n}\left(\mu \frac{\partial c}{\partial n}\right) . \qquad (3.126)$$

Wählt man ein anderes Geschwindigkeitsprofil in Bild 3.79, z.B. mit $\partial c/\partial n > 0$, so kommt wiederum (3.126). Im Spezialfall $\mu = \text{konst}$ vereinfacht sich (3.126) zu

$$\frac{dR}{dm} = \frac{\mu}{\rho}\frac{\partial^2 c}{\partial n^2} = \nu \frac{\partial^2 c}{\partial n^2} . \qquad (3.127)$$

Die Reibungskraft hängt also von der zweiten Ableitung der Geschwindigkeit ab. Die Ursache hierfür liegt offenbar darin, daß es auf die Änderung der Schubspannung senkrecht zum Stromfaden ankommt. Bei der Couette-Strömung erfährt ein Teilchen demnach keine resultierende Reibungskraft!

Wir stellen jetzt einige auf ein Massenelement wirkende Kräfte zusammen. Es handelt sich dabei um typische Vertreter der entsprechenden Einflüsse. In der untersten Zeile sind die einzelnen Terme durch charakteristische Bezugsgrößen für Zeit (t), Länge (ℓ), Geschwindigkeit (c), Dichte (ρ) und Druck (p) des Stromfeldes dargestellt. Wir benutzen in beiden Achsenrichtungen s und n denselben Längenmaßstab ℓ.

physikalischer Effekt	Trägheit a	Trägheit b	Druck	Schwere	Reibung
$\frac{\text{Kraft}}{\text{Masse}}$	$\frac{\partial c}{\partial t}$	$c\frac{\partial c}{\partial s}$	$\frac{1}{\rho}\frac{\partial p}{\partial s}$	$g\frac{\partial z}{\partial s}$	$\nu\frac{\partial^2 c}{\partial n^2}$
charakteristische Größen	$\frac{c}{t}$	$\frac{c^2}{\ell}$	$\frac{p}{\rho\ell}$	g	$\frac{\nu c}{\ell^2}$

Aus diesen fünf typischen Kräften lassen sich vier unabhängige dimensionslose Kraftverhältnisse (= Kennzahlen) bilden. Diese Kennzahlen charakterisieren ein Stromfeld und beschreiben die eingehenden physikalischen Effekte. Wir erhalten der Reihe nach:

1. $$\frac{\text{Druckkraft}}{\text{Trägheitskraft (b)}} \sim \frac{\frac{p}{\rho\ell}}{\frac{c^2}{\ell}} = \frac{p}{\rho c^2} = \text{Euler- oder Newton-Zahl} = \tag{3.128}$$

$$= \mathrm{Eu} = \mathrm{Ne}.$$

Für ein kompressibles Medium wird

$$\mathrm{Eu} = \frac{p}{\rho c^2} = \frac{\varkappa p}{\rho}\,\frac{1}{c^2}\cdot\frac{1}{\varkappa} = \frac{1}{\varkappa M^2}\ ,$$

wodurch sich ein Zusammenhang mit der Mach-Zahl ergibt. Euler-Zahlen sind uns bereits wiederholt begegnet. Wir erinnern z.B. an den Druckkoeffizienten (3.77).

2. $$\frac{\text{Trägheitskraft (b)}}{\text{Schwerkraft}} \sim \frac{c^2}{\ell g} = \text{Froude-Zahl} = \mathrm{Fr}. \tag{3.129}$$

Die Froude-Zahl ist überall dort von Wichtigkeit, wo die Schwerkraft die Strömung wesentlich beeinflußt, z.B. in Gewässern mit freier Oberfläche.

3. $$\frac{\text{Trägheitskraft (a)}}{\text{Trägheitskraft (b)}} \sim \frac{\ell}{t\,c} = \text{Strouhal-Zahl} = \mathrm{Str}. \tag{3.130}$$

W. Froude, 1810-1879
V. Strouhal, 1850-1922

Diese Kennzahl charakterisiert instationäre Strömungsvorgänge, wie sie z.B. in allen periodisch arbeitenden Kraft- und Arbeitsmaschinen auftreten. Die Strouhal-Zahl geht ein, wenn man das instationäre Glied der Bernoulli-Gleichung (3.13) ins Verhältnis zu den stationären Termen setzt. Dies ist oft erforderlich um festzustellen, ob eine Strömung als stationär angesehen werden kann. Hierzu muß $Str \ll 1$ sein.

4. $$\frac{\text{Trägheitskraft (b)}}{\text{Reibungskraft}} \sim \frac{\frac{c^2}{\ell}}{\frac{\nu c}{\ell^2}} = \frac{c\,\ell}{\nu} = \text{Reynolds-Zahl} = Re. \qquad (3.131)$$

Diese wichtige Kennzahl erfaßt den Reibungseinfluß. Ist

$$Re = \frac{c\,\ell}{\nu} \gg 1 , \qquad (3.131a)$$

d.h., ist die Trägheitskraft (b) sehr viel größer als die Reibungskraft, so ist die Reibung innerhalb des Stromfeldes von geringem Einfluß. Die Zähigkeit spielt nur in Wandnähe aufgrund der Haftbedingung in der Grenzschicht eine Rolle (Bild 3.80). Dies ist der Ausgangspunkt der Prandtlschen Grenzschichttheorie. Ist

$$Re = \frac{c\,\ell}{\nu} \begin{smallmatrix}\sim\\ <\\ \ll\end{smallmatrix} 1 , \qquad (3.131b)$$

so ist die Reibung im ganzen Stromfeld von Bedeutung. Durch $Re \begin{smallmatrix}<\\ \ll\end{smallmatrix} 1$ werden sogenannte schleichende Strömungen (= Stokessche Strömungen) erfaßt. Hier können die nichtlinearen Trägheitsglieder in den Bewegungsgleichungen oft ganz vernachlässigt werden. Die Druckkräfte stehen mit den Zähigkeitskräften im Gleichgewicht. Beispiele sind die Bewegungen in sehr zähen Ölen. Allerdings ist (3.131b) auch wichtig für Strömungen bei extrem geringer Dichte, denn die Reynolds-Zahl

$$Re = \frac{\rho\, c\, \ell}{\mu}$$

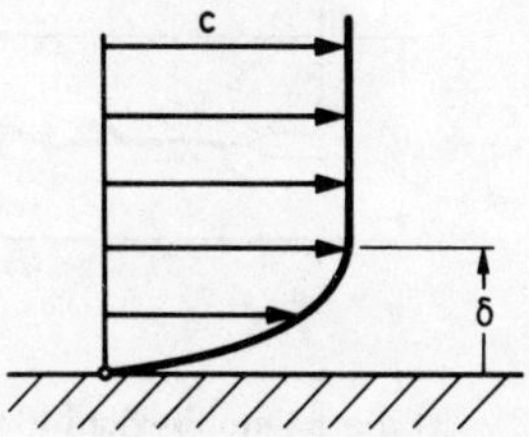

Bild 3.80 Geschwindigkeitsprofil in der Grenzschicht

G.G. Stokes, 1819-1903

wird mit ρ klein. Diese Überlegungen spielen z.B. bei Satellitenbewegungen am Rande der Atmosphäre, aber auch im Labor z.B. bei Vakuumpumpen eine Rolle.

Schwierigkeiten können sich manchmal bei der Wahl der geeigneten Bezugsgrößen für die Kennzahlen ergeben. Hier bedarf es einer gewissen Erfahrung, um diejenigen Bestimmungsstücke herauszufinden, die für die Physik der jeweiligen Strömung entscheidend sind. Manchmal gibt es mehrere Möglichkeiten. Z.B. kann in der Re-Zahl der Grenzschichtströmung (Bild 3.80) als Längenmaßstab die Grenzschichtdicke δ verwendet werden. In gleicher Weise kann man auch die Lauflänge ℓ, von der Körperspitze bis zur betrachteten Stelle, benutzen. Sinnvoll sind beide Bildungen, obwohl sie zu verschiedenen Größenordnungen der Re-Zahl führen.

Die wichtigste Anwendung der Kennzahlen liegt darin, daß es mit ihrer Hilfe möglich ist, geometrisch ähnliche Stromfelder ineinander umzurechnen. Dies ist die Grundlage aller Modellversuche, wo, aufgrund von Messungen am geometrisch ähnlich verkleinerten Modell z.B. im Wind- oder Wasserkanal, Aussagen über die Großausführung gemacht werden sollen. Wir kommen später darauf zurück.

3.3.4 Laminare und turbulente Strömung

Wir beobachten im Experiment zwei grundsätzlich verschiedene Strömungszustände. Sie wurden qualitativ von Hagen beschrieben, von Reynolds erstmalig quantitativ erfaßt. Der experimentelle Tatbestand wird anhand des Reynoldsschen Farbfadenversuches erläutert (Bild 3.81). Ein zähes Medium (kinematische Viskosität ν) strömt durch ein Rohr kreisförmigen Querschnitts (Durchmesser d) mit der Geschwindigkeit c. Durch eine Drossel kann der Volumenstrom geändert werden. Ein Farbfaden wird als Strömungsanzeiger verwendet.

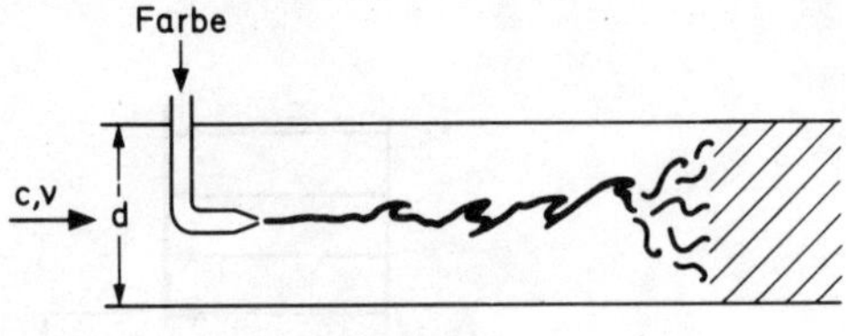

Bild 3.81 Reynoldsscher Farbfadenversuch

1. Ist die Reynolds-Zahl klein, d.h. $Re = cd/\nu < 2300$, so liegt eine laminare Strömung vor. Die makroskopisch beobachtbare Strömung erfolgt in parallelen Schichten (lamina = Schicht, Scheibe). Mikroskopisch, d.h. molekular, erfolgt ein

regelloser Impulsaustausch der einzelnen Schichten untereinander, der, wie wir früher feststellten, die Ursache der inneren Reibung ist.

2. Ist die Reynolds-Zahl groß, d.h. $Re = cd/\nu > 2300$, so spricht man von turbulenter Strömung. Hier tritt im Gegensatz zu oben ein makroskopischer, sichtbarer Austausch auf. Es handelt sich um eine instationäre, wirbelartige Zufallsbewegung.

Reynolds hat den Übergang der laminaren in die turbulente Strömung (sogenannter laminar-turbulenter Umschlag) untersucht und gefunden, daß dieser allein von der Kennzahl cd/ν abhängt. Aufgrund von Beobachtungen hat er vermutet, daß es sich hierbei um ein Stabilitätsproblem handelt. Die laminare Strömung wird bei höheren Reynolds-Zahlen instabil gegenüber Störungen, d.h., kleine Störungen, die in Natur und Technik immer vorhanden sind, rufen in einem solchen Fall große Wirkungen hervor, die die laminare Strömung schließlich in die turbulente Strömung überführen.

Diese anschauliche Erfassung des turbulenten Zustandes führt zur Reynoldsschen Beschreibung turbulenter Strömungen. Hierbei wird die instationäre Feldgröße (z.B. die Geschwindigkeit $u(x,y,z,t)$) additiv in einen zeitlichen Mittelwert $\bar{u}(x,y,z)$ und eine Schwankungsgröße $u'(x,y,z,t)$ zerlegt.

$$\begin{gathered} u(x,y,z,t) = \bar{u}(x,y,z) + u'(x,y,z,t)\,, \\ v = \bar{v} + v' \quad , \quad w = \bar{w} + w'\,. \end{gathered} \tag{3.132}$$

Der zeitliche Mittelwert am festen Ort ist definiert durch

$$\bar{u}(x,y,z) = \frac{1}{T}\int_0^T u(x,y,z,t)\,dt\,. \tag{3.133}$$

T ist hierin so groß gewählt, daß eine weitere Zunahme keine spürbare Änderung von $\bar{u}$ ergibt. (3.133) hat zur Folge, daß die zeitlichen Mittelwerte der Schwankungsgrößen verschwinden:

$$\overline{u'} = \overline{v'} = \overline{w'} = 0. \tag{3.134}$$

Diese Schwankungsgeschwindigkeiten u', v', w', die die charakteristischen Eigenschaften turbulenter Strömungen enthalten, lassen sich mit einer Hitzdrahtsonde bestimmen. Hierbei wird die Abkühlung eines erwärmten Platindrahtes als Maß für die Schwankungen benutzt. In einem festen Raumpunkt (x,y,z) erhält man eine Darstellung wie in Bild 3.82.
Zur Charakterisierung des Turbulenzgrades (= Tu) in einem Stromfeld dient die di-

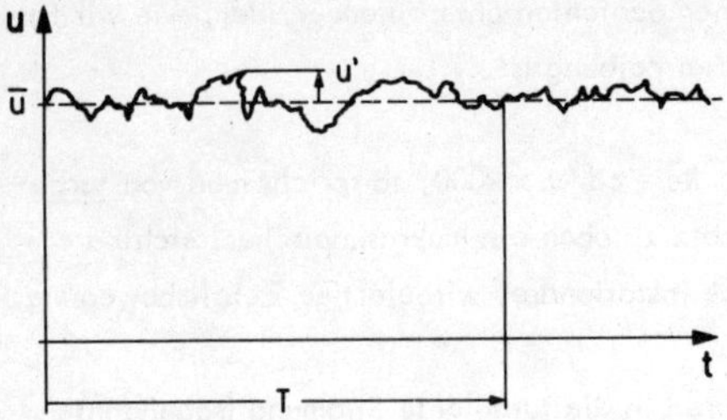

Bild 3.82 Hitzdrahtsignal als Funktion der Zeit

mensionslose Bildung

$$Tu = \frac{\sqrt{\overline{(u')^2}}}{\bar{u}} \,. \tag{3.135}$$

Im Zähler steht als charakteristisches Maß für die Schwankungsgröße die Wurzel aus dem mittleren Fehlerquadrat. Sie wird ins Verhältnis gesetzt zur mittleren Strömungsgeschwindigkeit an der betrachteten Stelle.

3.3.5 Geschwindigkeitsverteilung und Druckabfall in Kreisrohren bei laminarer und turbulenter Strömung

1. Laminare Rohrströmung (Hagen-Poiseuille-Strömung)

Wir betrachten eine horizontale Rohrstrecke. Die Strömung sei ausgebildet, d.h., das Geschwindigkeitsprofil ändert sich in x-Richtung nicht. Dies setzt voraus, daß wir uns in genügender Entfernung vom Einlauf befinden. Auf eine Abschätzung dieser Strecke kommen wir später zurück. Bei einer Schichtenströmung im Rohr ist der Druck, wie in der Grenzschicht, über den Querschnitt konstant. Man beachte hierzu (3.16) im Fall $r \to \infty$. Eine Druckdifferenz in Strömungsrichtung hält die Bewegung aufrecht. Zur Bestimmung des Geschwindigkeitsprofils wenden wir den Impulssatz auf einen koaxialen Zylinder an (Bild 3.83). Es herrscht Gleichgewicht zwischen den Druckkräften und der Reibungskraft. Eine resultierende Impulskraft geht hier nicht ein, da die Strömung ausgebildet ist. Wir erhalten für den in Bild 3.83 skizzierten Fall

$$\pi r^2 p_1 - \pi r^2 p_2 - |\tau| \, 2\pi r \ell = 0 \,.$$

Hierin gilt analog zu (3.125)

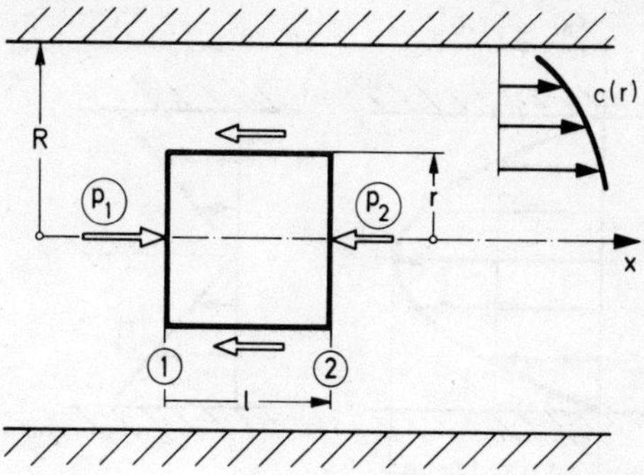

Bild 3.83 Anwendung des Impulssatzes auf die laminare Strömung im Kreisrohr

$$|\tau| = \begin{cases} -\mu \dfrac{dc}{dr} \;, & \dfrac{dc}{dr} < 0 \;, \\ \mu \dfrac{dc}{dr} \;, & \dfrac{dc}{dr} > 0 \;, \end{cases}$$

$$|\tau| = (p_1 - p_2)\,\frac{r}{2\ell} = \frac{\Delta p}{2\ell}\,r = -\mu\,\frac{dc}{dr}\,. \tag{3.136}$$

Die Schubspannung ist damit eine lineare Funktion von r. Geht man in Bild 3.83 von einem anderen Geschwindigkeitsverlauf aus, so kommt derselbe Zusammenhang wie oben, nämlich

$$\frac{dc}{dr} = -\frac{\Delta p}{\ell}\,\frac{1}{2\mu}\,r\,.$$

Integration liefert mit der Haftbedingung ($r = R$, $c = 0$)

$$c(r) = \frac{\Delta p}{\ell}\,\frac{R^2}{4\mu}\left(1 - \frac{r^2}{R^2}\right) = c_{max}\left(1 - \frac{r^2}{R^2}\right). \tag{3.137}$$

Es kommt eine parabolische Geschwindigkeitsverteilung mit der Maximalgeschwindigkeit

$$c_{max} = \frac{\Delta p}{\ell}\,\frac{R^2}{4\mu} \tag{3.138}$$

auf der Rotationsachse (Bild 3.84). Durch Integration wird der Volumenstrom

$$\dot{V} = c_m A = \int c\,dA = \int_{r=0}^{R} c_{max}\left(1 - \frac{r^2}{R^2}\right) 2\pi r\,dr = \pi R^2\,\frac{c_{max}}{2} = A\,\frac{c_{max}}{2}\,. \tag{3.139}$$

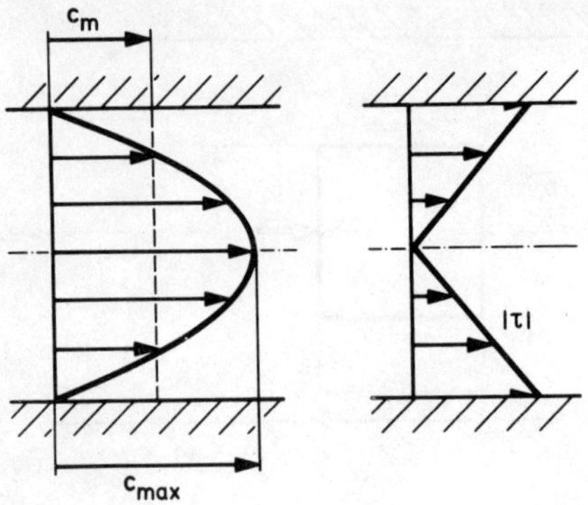

Bild 3.84 Geschwindigkeit und Schubspannung für die laminare Strömung im Kreisrohr

Für das volumetrische Mittel der Geschwindigkeit c_m wird also

$$c_m = \frac{1}{2} c_{max} \quad . \tag{3.140}$$

Damit kommt für den Volumenstrom die Darstellung

$$\dot{V} = c_m A = \frac{1}{2} c_{max} A = \frac{\pi}{8} \frac{\Delta p R^4}{\ell \mu} \quad .$$

Also ergeben sich die Proportionalitäten

$$\dot{V} \sim \Delta p \quad , \quad \dot{V} \sim R^4 \quad . \tag{3.141}$$

Diese Aussagen werden als Hagen-Poiseuille-Gesetz bezeichnet. Sie zeigen die charakteristischen Abhängigkeiten des Volumenstromes. $\dot{V} \sim R^4$ ist insbesondere für Anwendungen im Bereich der Medizin von Wichtigkeit. Verkleinerung von R kann zu einer drastischen Reduktion von $\dot{V}$ führen!

Bisher haben wir die Frage untersucht, welche Geschwindigkeit sich als Folge der Druckdifferenz Δp einstellt. Für die Anwendungen ist die Umkehrung der Fragestellung von Interesse: Wie groß ist die Druckabnahme (= Druckverlust) Δp in einer Rohrleitung bei vorgegebenem Volumenstrom? In dieser Druckabnahme in Strömungsrichtung äußert sich der Reibungseinfluß. Das Geschwindigkeitsprofil bleibt dabei ungeändert. Fassen wir (3.138) und (3.140) zusammen, so wird

$$\Delta p = \frac{4 \mu \ell c_{max}}{R^2} = \frac{8 \rho \nu \ell c_m}{R^2} \quad .$$

Wir spalten diesen Ausdruck auf, indem wir charakteristische Größen zusammenfassen:

$$\Delta p = \frac{\rho}{2}\, c_m^2 \cdot \frac{\ell}{D} \cdot \lambda_{lam} \,, \qquad \lambda_{lam} = \frac{64}{Re_D} \,, \qquad Re_D = \frac{c_m D}{\nu} \,. \qquad (3.142)$$

Der erste Anteil auf der rechten Seite liefert die Dimension des Druckes, der zweite Anteil charakterisiert die Geometrie, der dritte enthält die Physik des Rohrreibungsvorganges. λ wird als Verlustkoeffizient bezeichnet. Dieser Aufbau der Druckverlustformel ist typisch. Er wird uns noch wiederholt begegnen. (3.142) enthält die weiteren interessanten Aussagen:

$$\Delta p \sim \ell \,, \qquad \Delta p \sim c_m \,. \qquad (3.143)$$

Der Druckabfall ist eine lineare Funktion der Rohrlänge. Das ist plausibel, da bei ausgebildeter Strömung kein Rohrabschnitt ausgezeichnet ist. Daher kommt nur eine lineare Funktion in Frage. $\Delta p \sim c_m$ ist typisch für laminare Strömungen.

In den Anwendungen sind z.B. vorgegeben: $\dot{V}$, A, ℓ, ρ, ν. Aus $\dot{V} = c_m A$ folgt $c_m = \dot{V}/A$ und damit $Re_D = (c_m/\nu)\sqrt{4A/\pi}$. Hiermit prüfen wir nach, ob $Re_D \gtrless 2300$ ist. Liegt der laminare Fall vor, kann der Druckabfall mit (3.142) berechnet werden. In der Praxis handelt es sich jedoch weitgehend um turbulente Strömungen, weshalb wir uns jetzt ausführlich mit diesem Fall beschäftigen.

2. Turbulente Rohrströmung

Die turbulente Strömung ist ungleich schwieriger als die laminare zu behandeln. In technischen Anwendungen interessieren häufig gar nicht alle Einzelheiten des Strömungsfeldes. Oft reicht es, wenn man die zeitlichen Mittelwerte kennt. Wir setzen voraus, daß für diese im Rohr eine ausgebildete Strömung vorliegt. Den Kontrollraum erstrecken wir über den ganzen Rohrquerschnitt (Bild 3.85). Es besteht ein Gleichgewicht zwischen Druck- und Wandschubspannungskräften

$$\pi R^2 \,\overline{p}_1 - \pi R^2 \,\overline{p}_2 - |\overline{\tau}_w|\, 2\pi R\, \ell = 0 \,,$$

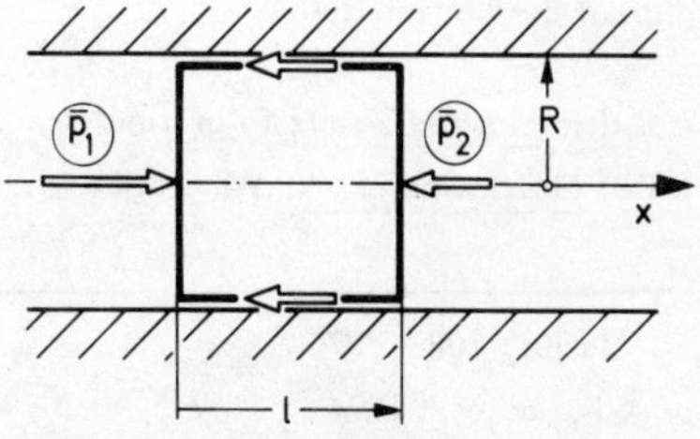

Bild 3.85 Kontrollbereich für die turbulente Strömung im Kreisrohr

$$\Delta\bar{p} = \bar{p}_1 - \bar{p}_2 = |\bar{\tau}_w| \, \frac{2\ell}{R} \quad . \tag{3.144}$$

Für die Wandschubspannung machen wir den Dimensionsansatz

$$|\bar{\tau}_w| = \frac{\rho}{2}\,\bar{c}_m^2 \cdot \sigma \quad . \tag{3.145}$$

Hierin bedeutet $\bar{c}_m$ den zeitlichen und räumlichen Mittelwert der Geschwindigkeit. Man erhält ihn aus der Funktion $c(r,t)$, indem man nacheinander die Mittelbildungen (3.133) und (3.139) ausführt. Trägt man (3.145) in (3.144) ein, so wird mit der Abkürzung $4\sigma = \lambda_{turb}$

$$\Delta\bar{p} = \frac{\rho}{2}\,\bar{c}_m^{\,2} \cdot \frac{\ell}{D} \cdot \lambda_{turb} \quad . \tag{3.146}$$

Der Aufbau der Druckverlustformel ist genauso wie im laminaren Fall (3.142). Allerdings muß diesmal λ_{turb} aus Experimenten ermittelt werden. Eine theoretische Berechnung ist bisher nicht möglich. Man erhält

1. durch Interpolation von Meßergebnissen (Blasius-Formel)

$$\lambda_{turb} = \frac{0{,}3164}{Re_D^{1/4}} \quad , \quad \text{gültig bis } Re_D \sim 10^5 \, , \tag{3.147a}$$

2. implizite Darstellung von Prandtl

$$\frac{1}{\sqrt{\lambda_{turb}}} = 2 \log^{10}\left(Re_D \sqrt{\lambda_{turb}}\right) - 0{,}8 \, , \text{ gültig bis } Re_D \sim 3 \cdot 10^6 \, . \tag{3.147b}$$

In Bild 3.86 sind die laminare Gesetzmäßigkeit sowie die obigen Beziehungen eingetragen. Darüber hinaus findet man auch die Ergebnisse für rauhe Rohre, die im nächsten Abschnitt ausführlich diskutiert werden. Man spricht in diesem Zusammenhang vom Nikuradse-Diagramm. R/k_s heißt Sandkornrauhigkeitsparameter. k_s ist ein typisches Maß für die Sandkornrauhigkeit (Bild 3.87). Zunehmende Rauhigkeit, d.h. abnehmendes R/k_s, bedeutet Anwachsen des Druckverlustes. Wir kommen hierauf ausführlich zurück.

Aus dem Blasius-Gesetz folgt eine interessante Konsequenz für die (zeitlich gemittelte) Geschwindigkeit. Wir tragen (3.147a) in (3.145) ein und sehen von Zahlen-

---

H. Blasius, 1883-1970

J. Nikuradse, * 1894

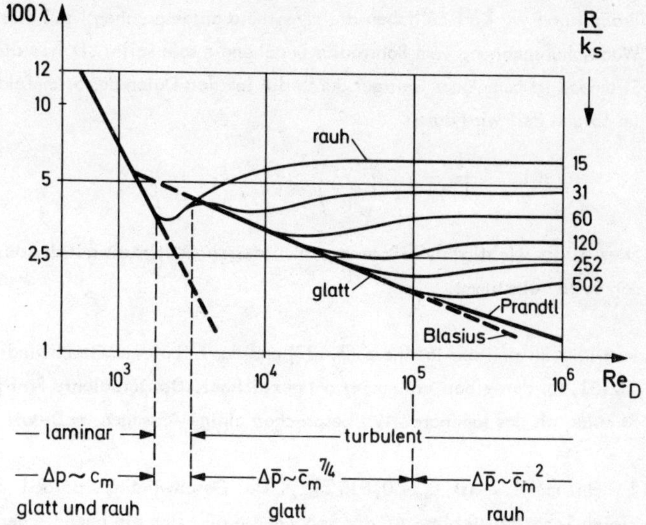

Bild 3.86 Verlustkoeffizient λ als Funktion der Reynolds-Zahl und Rauhigkeit beim Kreisrohr (Nikuradse-Diagramm)

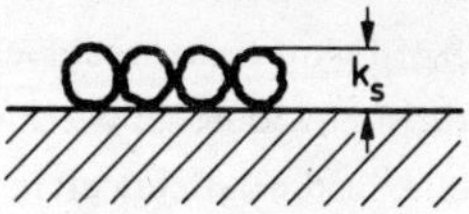

Bild 3.87 Definition der Sandkornrauhigkeit k_s

faktoren ab:

$$|\overline{\tau}_w| = \frac{\rho}{2}\,\overline{c}_m^{\,2}\,\frac{\lambda_{turb}}{4} \sim \rho\,\overline{c}_m^{\,7/4}\,\nu^{1/4}\,R^{-1/4} \sim \rho\,\overline{c}_{max}^{\,7/4}\,\nu^{1/4}\,R^{-1/4}\,. \tag{3.148}$$

Wir benutzen für das Geschwindigkeitsprofil einen Potenzansatz mit freiem Exponenten m:

$$\overline{c}(y) = \overline{c}_{max}\left(\frac{y}{R}\right)^m . \tag{3.149}$$

y ist hierin der wandnormale Abstand $y = R - r$. Wir lösen (3.149) nach $\overline{c}_{max}$ auf und tragen dies in (3.148) ein:

$$|\overline{\tau}_w| \sim \rho\,\overline{c}^{\,7/4}\,y^{-7m/4}\,\nu^{1/4}\,R^{7m/4-1/4}\,. \tag{3.150}$$

Prandtl und v. Kármán haben die Hypothese ausgesprochen, daß diese turbulente Wandschubspannung vom Rohrradius unabhängig sein sollte. D.h., die turbulente Strömung ist mehr oder weniger durch die lokalen Daten des Stromfeldes bestimmt. Im obigen Fall wird damit

$$m = \frac{1}{7} \quad , \quad \overline{c} = \overline{c}_{max} \left(\frac{y}{R} \right)^{1/7} = \overline{c}_{max} \left(1 - \frac{r}{R} \right)^{1/7} . \tag{3.151}$$

Dies ist das wichtige 1/7-Potenzgesetz, dessen Gültigkeit mit der des Blasius-Gesetzes übereinstimmt.

In Bild 3.88 sind das laminare (3.137) und das turbulente Geschwindigkeitsprofil (3.151) für denselben Volumenstrom gezeichnet. Das turbulente Profil ist rechteckförmiger als das laminare. Wir besprechen einige Aussagen im Detail.

1. Für $m = 1/7$ ist $\overline{c}_m = 0{,}816\, \overline{c}_{max}$. Das Geschwindigkeitsprofil (3.151) hat zwei kleine Schönheitsfehler. An der Rohrwand ergibt sich ein unendlicher Anstieg. Das ist unbedenklich, da in unmittelbarer Wandnähe die Strömung laminar ist (Reibungsunterschicht) und daher das obige Gesetz dort nicht benötigt wird. An der Rohrachse tritt ein Knick im Geschwindigkeitsprofil auf.

2. Mit wachsender Reynolds-Zahl wird der Exponent in (3.151) kleiner, d.h., das Profil wird immer rechteckförmiger. Die Ursache hierfür liegt darin, daß der makroskopische Queraustausch das Bestreben hat, das Geschwindigkeitsprofil auszugleichen und möglichst gleichförmig über den Querschnitt zu gestalten.

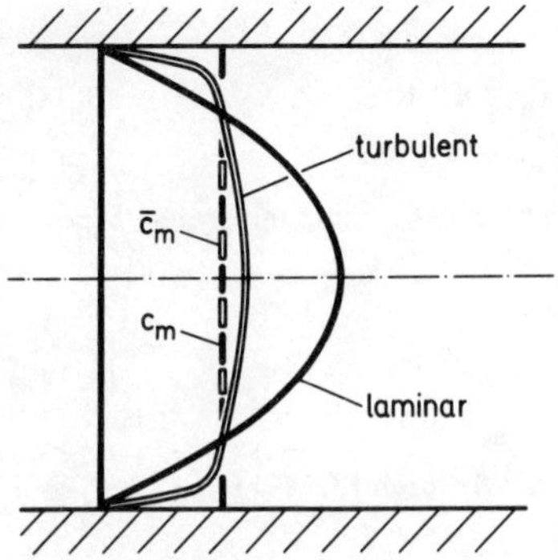

Bild 3.88 Laminares und turbulentes Geschwindigkeitsprofil im Kreisrohr

Th. v. Kármán, 1881-1963

3.3.6 Laminare und turbulente Strömung durch rauhe Rohre (Nikuradse-Diagramm)

Wir diskutieren Bild 3.86 im einzelnen. Das Wesentliche läßt sich in zwei Punkten zusammenfassen.

1. Für laminare Strömung ist $\lambda = f(Re)$, d.h., der Druckverlustbeiwert hängt nicht von der Rauhigkeit ab.

2. Für turbulente Strömungen gilt die Alternative

a. $\lambda = g\left(Re, \frac{R}{k_s}\right)$ für $2 \cdot 10^3 < Re < 3 \cdot 10^5$,

b. $\lambda = h\left(\frac{R}{k_s}\right)$ für $3 \cdot 10^5 < Re$.

Im Bereich mittlerer Reynolds-Zahlen $(2 \cdot 10^3 < Re < 3 \cdot 10^5)$ treten also beide Argumente auf, während für höhere Reynolds-Zahlen nur die Rauhigkeit eingeht. Diese charakteristischen Abhängigkeiten lassen sich folgendermaßen anschaulich begründen.

1. Bei laminarer Strömung tritt kein nennenswerter Einfluß der Rauhigkeit auf, da der makroskopische Queraustausch fehlt. Die Schichtenströmung schafft sich sozusagen selbst eine glatte Wand und deckt die Rauhigkeiten zu.

2a.b. Bei turbulenter Strömung kommt es entscheidend darauf an, ob die Rauhigkeiten noch von der wandnahen laminaren Unterschicht zugedeckt werden - dann nennt man das Rohr hydraulisch glatt - oder ob sie aus dieser Schicht herausragen und damit die vollturbulente Strömung wesentlich beeinflussen.

Diese wichtige Vorstellung wollen wir quantitativ bestätigen. Wir schätzen dazu die Dicke der laminaren Unterschicht Δ ab. In ihr soll die Geschwindigkeit linear von Null bis etwa $1/2\,\bar{c}_m$ ansteigen (Bild 3.89). Die Wandschubspannung läßt sich auf zweierlei Art darstellen:

$$|\bar{\tau}_w| = \frac{\rho}{2}\,\bar{c}_m^{\,2}\,\frac{\lambda_{turb}}{4} = \mu\left(\frac{d\bar{c}}{dy}\right)_w = \rho\,\nu\,\frac{\frac{1}{2}\bar{c}_m}{\Delta} \quad ,$$

$$\frac{\Delta}{D} = \frac{4}{\lambda_{turb}} \cdot \frac{1}{Re_D} \quad . \tag{3.152}$$

Benutzen wir hierin die Blasius-Formel (3.147a), so wird

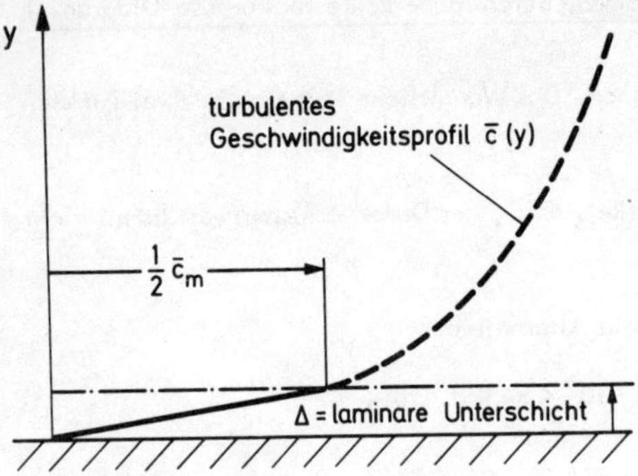

Bild 3.89 Definition der Dicke der laminaren Unterschicht Δ

$$\frac{\Delta}{D} = \frac{12{,}64}{Re_D^{3/4}} \quad . \tag{3.153}$$

Δ/D nimmt also mit wachsender Reynolds-Zahl ab. Dies bestätigt die frühere Aussage, daß das Geschwindigkeitsprofil mit zunehmender Reynolds-Zahl immer rechteckförmiger wird.

Ein Zahlenbeispiel zur Größenordnung von Δ :

$$Re_D = 10^4 , \quad \lambda_{turb} = 0{,}03 , \quad \frac{\Delta}{D} \approx 10^{-2} , \quad D = 10 \text{ cm}, \quad \Delta \approx 1 \text{ mm}.$$

Der wesentliche Geschwindigkeitsanstieg erfolgt in Wandnähe, also auf einer Strecke von etwa 1% des Durchmessers!

Mit der Abschätzung (3.152) können wir die obigen Feststellungen 2a.b. leicht begründen. Wir diskutieren zwei typische Zahlenbeispiele.

1. $Re_D = 10^5 , \quad \lambda_{turb} = 0{,}04 , \quad \frac{R}{k_s} \approx 30.$

Hier zeigen wir, daß die Rauhigkeiten aus der Unterschicht herausragen. Mit (3.152) wird nämlich

$$\frac{R}{\Delta} = \frac{\lambda_{turb} Re_D}{8} = \frac{0{,}04 \cdot 10^5}{8} = 500 \gg \frac{R}{k_s} = 30, \text{ d.h. } k_s \gg \Delta \ .$$

2. $Re_D = 10^4 , \quad \lambda_{turb} = 0{,}03 , \quad \frac{R}{k_s} \approx 60.$

Jetzt kommt

$$\frac{R}{\Delta} = \frac{0{,}03 \cdot 10^4}{8} = 37{,}5 < \frac{R}{k_s} , \text{ d.h. } k_s < \Delta \ .$$

D.h., die Rauhigkeiten werden von der Unterschicht zugedeckt. Das Rohr ist hydraulisch glatt.

Der Übergang zu technisch rauhen Rohren wird durch den Begriff der äquivalenten Sandkornrauhigkeit ermöglicht. Darunter versteht man diejenige Sandkornrauhigkeit k_s, die bei gleicher Reynolds-Zahl den gleichen Verlustbeiwert λ liefert. Bild 3.90 gibt einige Rauhigkeitswerte für technisch wichtige Fälle.

Liegt ein Rohr nichtkreisförmigen Querschnittes vor, so verwendet man im turbulenten Fall als charakteristisches Längenmaß den hydraulischen Durchmesser D_h anstelle von D:

$$D_h = \frac{4A}{U} \tag{3.154}$$

mit A = Querschnittsfläche und U = benetzter Umfang. Für den Druckverlust gilt

$$\Delta\bar{p} = \frac{\rho}{2}\bar{c}_m^{\,2} \cdot \frac{\ell}{D_h} \cdot \lambda_{turb} \quad , \qquad Re_{D_h} = \frac{\bar{c}_m\, D_h}{\nu} \quad . \tag{3.155}$$

Man beachte, daß diese Aussage auf turbulente Strömungen beschränkt ist. Daselbst ist die Geschwindigkeit nahezu konstant über den Querschnitt. Hieran dürfte es liegen, daß in diesen Fällen eine Umrechnung auf den hydraulischen Durchmesser möglich ist. Bei laminaren Strömungen trifft dies nicht zu, und eine entsprechende Darstellung ist nicht richtig.

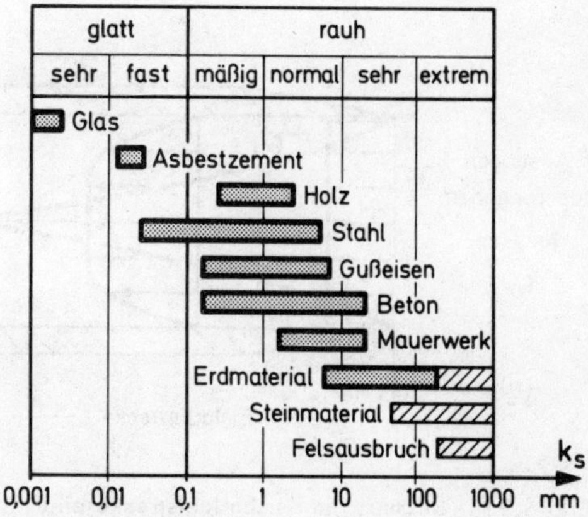

Bild 3.90 Äquivalente Sandkornrauhigkeiten

3.3.7 Strömung in der Einlaufstrecke

Bisher haben wir uns mit der ausgebildeten Strömung im Rohr beschäftigt. Wir diskutieren jetzt die Verhältnisse am Rohreinlauf.

1. Laminare Strömung

Das Fluid wird aus dem Ruhezustand (0) angesaugt (Bild 3.91). Im Eintrittsquerschnitt (1) ist die Geschwindigkeit konstant = c_m. Der Reibungseinfluß führt stromab zur Bildung einer Grenzschicht. Die Einlaufstrecke ℓ endet dort, wo diese Grenzschicht (GS) auf die Rohrachse auftrifft (2). Von da ab herrscht ausgebildete Strömung. Mit anderen Worten: die Grenzschicht füllt von da ab das ganze Rohr. Es ist plausibel, daß der Druckverlust in der Einlaufstrecke größer ist als bei ausgebildeter Strömung. Dies deshalb, da

1. die Wandschubspannung größer ist und
2. zur Abänderung des Geschwindigkeitsprofils ① → ② eine zusätzliche Druckdifferenz erforderlich ist.

Wir können den Druckabfall in der Einlaufstrecke leicht bestimmen. Wegen des nahezu reibungslosen Verhaltens der Kernströmung außerhalb der Grenzschicht rechnen wir auf der Rohrachse von ① → ② mit der Bernoulli-Gleichung

$$p_0 = p_1 + \frac{\rho}{2} c_m^2 = p_2 + \frac{\rho}{2} c_{max}^2 = p_2 + 4 \frac{\rho}{2} c_m^2 ,$$

$$\Delta p = p_1 - p_2 = 3 \cdot \frac{\rho}{2} c_m^2 .$$

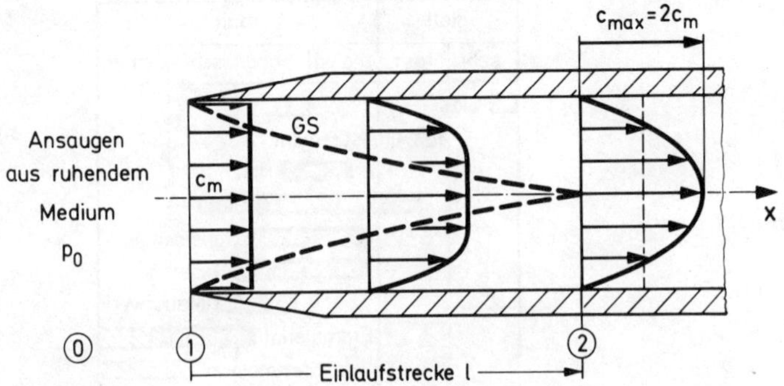

Bild 3.91 Strömung in der Einlaufstrecke eines Kreisrohres

Es kommt also der beträchtliche Druckabfall von drei dynamischen Drücken. Eine Rechnung zur Bestimmung der Länge der Einlaufstrecke muß natürlich den Verlauf der Wandschubspannung berücksichtigen. Mit dem Impulssatz kann man den ganzen Vorgang diskutieren. Eine Näherungsrechnung ergibt

$$\frac{\ell}{D} \approx 0{,}03\, Re_D \,, \quad Re_D = \frac{c_m D}{\nu} \,. \tag{3.156}$$

Ein Zahlenbeispiel veranschaulicht die Größenordnung

$$Re_D = 2 \cdot 10^3 \ \text{(obere Grenze)}, \quad \frac{\ell}{D} \sim 60 \,.$$

Wir berechnen hiermit zum Vergleich den Reibungsdruckabfall für die <u>ausgebildete</u> Strömung auf derselben Strecke:

$$\Delta p = \frac{\rho}{2} c_m^2 \cdot \frac{\ell}{D} \cdot \frac{64}{Re_D} = \frac{\rho}{2} c_m^2 \cdot 0{,}03 \cdot 64 = 1{,}92 \cdot \frac{\rho}{2} c_m^2 \,.$$

Der zusätzliche Druckverlust in der Einlaufstrecke beträgt demnach

$$\Delta p = 1{,}08 \cdot \frac{\rho}{2} c_m^2 \,.$$

Wir geben an dieser Stelle eine Abschätzung der <u>Länge der Einlaufstrecke</u>. Wir benutzen hier bereits ein Ergebnis der Plattengrenzschicht (Bild 3.92). Für die Grenzschichtdicke δ gilt

$$\frac{\delta}{\ell} = \frac{3{,}5}{\sqrt{Re_\ell}} = \frac{3{,}5}{\sqrt{\frac{U \ell}{\nu}}} \,. \tag{3.157}$$

Wir wenden diese Beziehung auf die Einlaufstrecke im Rohr an. Es ist klar, daß wir hier eine starke Vereinfachung durchführen. Der räumliche Einfluß des Rohres bleibt unberücksichtigt. Am Ende der Einlaufstrecke ist $\delta = D/2$; U entspricht in der Rohrströmung $c_{max} = 2 \cdot c_m$. (3.157) ergibt hiermit

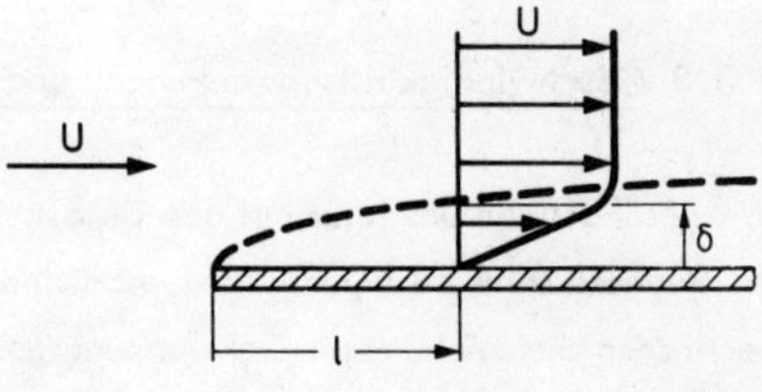

<u>Bild 3.92</u> Bezeichnungen bei der Plattengrenzschicht

$$\frac{\delta}{\ell} = \frac{D}{2\ell} = \frac{3{,}5}{\sqrt{\frac{2c_m}{\nu}\frac{\ell}{D}D}} \,,$$

$$\frac{\ell}{D} = 0{,}04\ Re_D \;.$$

Dies stimmt, zumindest was die Abhängigkeit von der Reynolds-Zahl angeht, mit (3.156) überein. Der vernachlässigte räumliche Effekt kommt in dem zu großen Zahlenkoeffizienten zum Ausdruck.

2. Turbulente Strömung

Die Einlaufstrecke ist kaum von der Reynolds-Zahl abhängig. Die Angaben schwanken:

$$\frac{\ell}{D} \sim 20 \text{ bis } 30,$$

je nachdem, wie genau das Endprofil erfaßt wird. Grundsätzlich gilt, daß diese Einlaufstrecke kürzer ist als im laminaren Fall. Das ausgebildete turbulente Geschwindigkeitsprofil ist nahezu rechteckförmig und besitzt damit schon eine enge Verwandtschaft mit dem Einlaufprofil. Der zusätzliche Druckabfall durch Umformung des Geschwindigkeitsprofils ist ebenfalls nicht erheblich, da auf der Rohrachse nur eine geringfügige Beschleunigung auftritt. Im Gültigkeitsbereich des Blasius-Gesetzes gilt

$$\overline{p}_1 + \frac{\rho}{2}\,\overline{c}_m^{\,2} = \overline{p}_2 + \frac{\rho}{2}\,\overline{c}_{max}^{\,2} = \overline{p}_2 + 1{,}50\,\frac{\rho}{2}\,\overline{c}_m^{\,2} \quad,$$

$$\Delta\overline{p} = \overline{p}_1 - \overline{p}_2 = 0{,}5\,\frac{\rho}{2}\,\overline{c}_m^{\,2} \;.$$

Der Zahlenkoeffizient ist hier erheblich kleiner als im laminaren Fall. Er nimmt mit größer werdender Reynolds-Zahl noch weiter ab.

3.3.8 Geschwindigkeitsschwankungen und scheinbare Schubspannungen

Wir beschäftigen uns jetzt mit den Details turbulenter Strömungen und gehen auf die Reynoldssche Zerlegung der Geschwindigkeiten in Abschnitt 3.3.4 zurück. Wir bestimmen die Wirkung der Schwankungsgeschwindigkeiten bei einem einfachen

Bild 3.93 Strömung mit Schwankungsgeschwindigkeiten

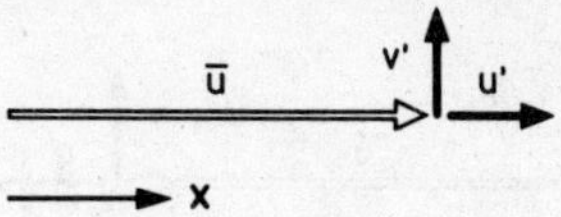

Strömungsmodell. Die Hauptströmungsrichtung soll in x-Richtung liegen (Bild 3.93). Wir interessieren uns für die Impulskraft, die von den Schwankungsgeschwindigkeiten im zeitlichen Mittel auf eine bestimmte Kontrollfläche übertragen wird.

1. Die Kontrollfläche sei senkrecht zur x-Achse (Bild 3.94):

$$d\vec{F}_J = -\rho\,\vec{w}\,(\vec{w}\,\vec{n})\,dA\ ,$$

$$\left|\frac{dF_{J,x}}{dA}\right| = \rho\,u^2\ .$$

Wir bilden das zeitliche Mittel dieser Normalspannung:

$$\rho\,\overline{u^2} = \frac{1}{T}\int_0^T \rho\,u^2\,dt = \rho\,\overline{(\bar{u}+u')^2} = \rho\,(\overline{\bar{u}^2 + 2\bar{u}\,u' + u'^2}) = \tag{3.158}$$

$$= \rho\,(\bar{u}^2 + \overline{u'^2})\ .$$

Durch die Schwankungen kommt ein zusätzlicher Anteil.

2. Die Kontrollfläche liege in x-Richtung (Bild 3.95):

$$\left|\frac{dF_{J,x}}{dA}\right| = \rho\,u\,v\ .$$

Das zeitliche Mittel dieser Tangentialspannung wird:

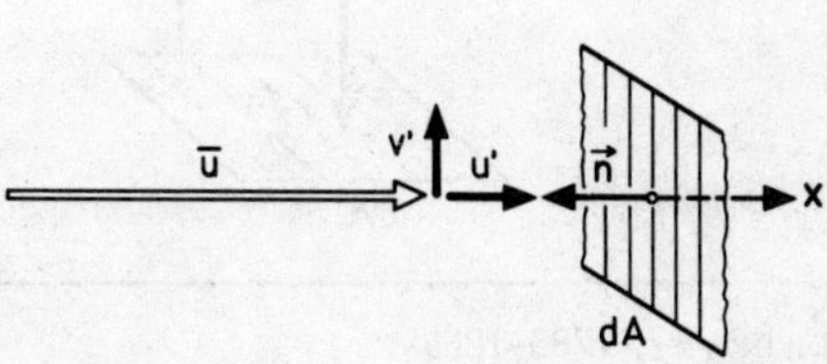

Bild 3.94 Hauptströmungsrichtung normal zur Kontrollfläche

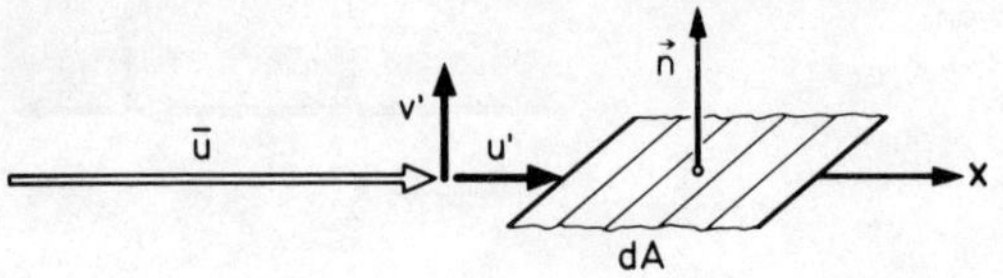

Bild 3.95 Hauptströmungsrichtung tangential zur Kontrollfläche

$$\rho \overline{u v} = \rho \overline{(\bar{u} + u')v'} = \rho \overline{u'v'} .$$

Wir erkennen, daß es hier nur aufgrund der beiden Schwankungsgeschwindigkeiten u' und v' zu einem Beitrag kommt. Wir diskutieren das Vorzeichen. Wir betrachten Teilchen, die, von oben kommend, die Kontrollfläche durchlaufen (Bild 3.96). $u' > 0$, $v' < 0$ führen zu $\bar{\tau} > 0$, d.h. zu einer positiven Tangentialspannung, die von der Strömung an die Kontrollfläche übertragen wird. Wir definieren daher als

$$\underline{\text{Reynoldssche scheinbare Schubspannung}} = \bar{\tau} = -\rho \overline{u'v'} . \qquad (3.159)$$

Betrachten wir sowohl diesen makroskopischen Austausch als auch die molekularen Vorgänge, so erhalten wir insgesamt bei turbulenter Strömung

$$\bar{\tau}_{ges} = \mu \frac{d\bar{u}}{dy} - \rho \overline{u'v'} \qquad (3.160)$$

Diese Darstellung gilt gemäß unserer Herleitung nur für eine eindimensionale Grundströmung. Im allgemeinen Fall tritt ein Spannungstensor auf. Wir kommen hierauf bei der Herleitung der Navier-Stokes-Gleichungen zurück.

Wir behandeln zwei Grenzfälle von (3.160).

1. In <u>unmittelbarer Wandnähe</u> ($v' \rightarrow 0$) kommt

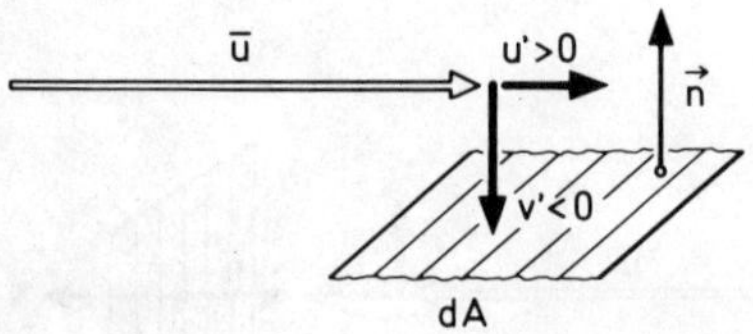

Bild 3.96 Zur Ermittlung des Vorzeichens der scheinbaren Schubspannung

L. Navier, 1785-1836

$$\overline{\tau}_{ges} = \mu \frac{d\overline{u}}{dy} \quad . \tag{3.161a}$$

Diese Darstellung in der (laminaren) Reibungsunterschicht bestätigt die von uns früher gemachten Ansätze.

2. In großem Wandabstand, sogenannte freie Turbulenz, ist $\overline{u} \approx$ konst und damit

$$\overline{\tau}_{ges} = -\rho\,\overline{u'v'} \quad . \tag{3.161b}$$

Wir schätzen beide Anteile bei der Rohrströmung ab:

$$|\overline{\tau}_1| = \mu \left|\frac{d\overline{u}}{dy}\right| = \rho \cdot \nu \, \frac{\frac{1}{2}\overline{c}_m}{\Delta} \quad , \quad \frac{|\overline{\tau}_1|}{\rho \cdot \overline{c}_m^{\,2}} = \frac{1}{2}\frac{\nu}{\Delta\,\overline{c}_m} = \frac{1}{2}\frac{1}{\frac{\Delta}{D}\cdot Re_D} = \frac{\lambda_{turb}}{8} \tag{3.162a}$$

Bei $Re_D = 10^5$ gilt für das glatte Rohr $\lambda_{turb} = 1{,}7 \cdot 10^{-2}$, also

$$\frac{|\overline{\tau}_1|}{\rho \cdot \overline{c}_m^{\,2}} = 2{,}1 \cdot 10^{-3} .$$

Die Schwankungsgeschwindigkeiten betragen einige Prozente der mittleren Geschwindigkeit; mit $\overline{u} \sim \overline{c}_m$ wird

$$\overline{|\tau_2|} = |\rho\,\overline{u'v'}| \quad , \quad \frac{\overline{|\tau_2|}}{\rho\,\overline{u}^2} = \left|\frac{\overline{u'}}{\overline{u}} \cdot \frac{\overline{v'}}{\overline{u}}\right| \sim 5\,\% \cdot 5\,\% = 2{,}5 \cdot 10^{-3} . \tag{3.162b}$$

Wir sehen, daß bei genügend hoher Reynolds-Zahl der zweite Anteil überwiegt.

3.3.9 Prandtlscher Mischungswegansatz für die Schwankungsgeschwindigkeiten

Die Problematik bei der Anwendung von (3.160) liegt darin, daß wir bisher wenig Informationen über die Schwankungsgeschwindigkeiten besitzen. Wir gehen hier wieder von einer mittleren Bewegung in x-Richtung aus:

$$u = \overline{u}(y) + u' \quad , \quad v = v' \quad ,$$

und suchen eine Darstellung der Größen u', v' durch $\overline{u}(y)$. Analog zur kinetischen Gastheorie (Abschnitt 1.3) führen wir den Prandtlschen Mischungsweg ein. Wir verstehen darunter diejenige Länge, die ein Turbulenzelement im Mittel zurücklegt, bevor es sich mit der Umgebung vermischt und damit seine Individualität aufgibt (Bild 3.97). Dies ist ein makroskopisches Analogon zur mittleren freien Weglänge der Gaskinetik. Im einzelnen geht die Überlegung wie folgt: Ein Teilchen aus der Schicht y gelangt bei $v' > 0$ in das Niveau $y + \ell_1$. Dort hat es für den in Bild

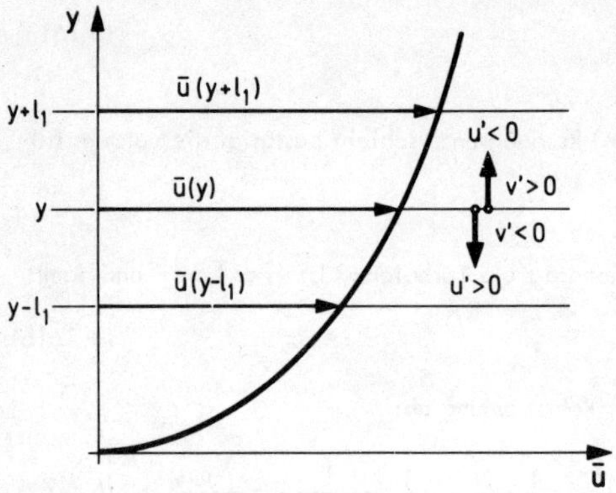

Bild 3.97 Zum Prandtlschen Mischungsweganssatz

3.97 skizzierten Fall eine Untergeschwindigkeit gegenüber der Umgebung von der Größe

$$\bar{u}(y) - \bar{u}(y + \ell_1) = -\ell_1 \frac{d\bar{u}}{dy} \quad .$$

Diese Untergeschwindigkeit faßt Prandtl als Geschwindigkeitsschwankung im Niveau $y + \ell_1$ auf, d.h.,

$$u' = -\ell_1 \frac{d\bar{u}}{dy} \quad . \tag{3.163a}$$

Aus Kontinuitätsgründen wird ganz entsprechend angesetzt

$$v' = \ell_2 \frac{d\bar{u}}{dy} \quad . \tag{3.163b}$$

Damit ist auch das richtige Vorzeichen gegeben, wie man an Bild 3.97 sofort bestätigt. Für die Reynoldssche scheinbare Schubspannung kommt jetzt

$$\bar{\tau} = -\rho\, \overline{u'v'} = \rho\, \overline{\ell_1 \ell_2} \left(\frac{d\bar{u}}{dy} \right)^2 = \rho\, \ell^2 \left(\frac{d\bar{u}}{dy} \right)^2 . \tag{3.164}$$

ℓ ist hierin ein charakteristischer Längenmaßstab für die Vermischung in turbulenten Strömungen (= Prandtlscher Mischungsweg). Er muß als Funktion von y dem Experiment entnommen werden, weshalb diese Theorie als halbempirisch bezeichnet wird. Wichtig ist in (3.164) die Abhängigkeit vom Quadrat des Geschwindigkeitsgradienten. Dies weist auf typische Unterschiede zur laminaren Strömung hin. Aus (3.160) wird also

$$\overline{\tau}_{ges} = \mu \frac{d\overline{u}}{dy} + \rho \, \ell^2 \left(\frac{d\overline{u}}{dy} \right)^2 \qquad (3.165)$$

Wir diskutieren einige Eigenschaften der turbulenten Strömung in der Nähe einer Wand.

1. In der (laminaren) Reibungsunterschicht ist $\ell \longrightarrow 0$.

$$\overline{\tau}_{ges} = \mu \frac{d\overline{u}}{dy} = \overline{\tau}_w \ ,$$

$$\overline{u}(y) = \frac{\overline{\tau}_w}{\mu} \, y \ .$$

Mit der sogenannten Wandschubspannungsgeschwindigkeit

$$u_\tau = \sqrt{\frac{\overline{\tau}_w}{\rho}} \qquad (3.166)$$

wird

$$\frac{\overline{u}(y)}{u_\tau} = \frac{y \, u_\tau}{\nu} = y^+ \ . \qquad (3.167)$$

Die Geschwindigkeit ist eine lineare Funktion von y. y^+ ist ein in geeigneter Weise dimensionslos gemachter Wandabstand. Die Größenordnung der Wandschubspannungsgeschwindigkeit läßt sich mit den Daten der Rohrströmung ($Re_D = 10^5$, $\lambda_{turb} = 1{,}7 \cdot 10^{-2}$) abschätzen:

$$\frac{u_\tau}{\overline{u}} = \sqrt{\frac{\overline{\tau}_w}{\rho \, \overline{u}^2}} \sim \sqrt{\frac{\overline{\tau}_w}{\rho \, \overline{c}_m^2}} = \sqrt{\frac{\lambda_{turb}}{8}} = 0{,}05 \, .$$

Wir kommen also in dieselbe Größenordnung wie die Schwankungsgeschwindigkeiten und können damit u_τ als Maß für u' und v' auffassen.

2. Außerhalb der Reibungsunterschicht - aber immer noch in Wandnähe - gilt

$$\overline{\tau}_{ges} = \rho \, \ell^2 \left(\frac{d\overline{u}}{dy} \right)^2 \ .$$

Wir sprechen hier von der Wandturbulenz (Bild 3.98). Prandtl machte die Annahme, daß auch hier $\overline{\tau}_{ges} = \overline{\tau}_w = \text{konst}$ ist sowie $\ell = \varkappa y$ mit $\varkappa = \text{konst}$. Damit wird

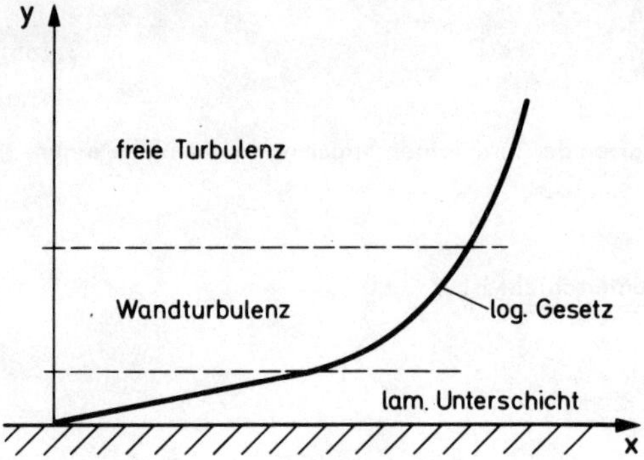

Bild 3.98 Die verschiedenen Geschwindigkeitsprofile in turbulenter Strömung

$$\bar{\tau}_w = \rho\, \varkappa^2\, y^2 \left(\frac{d\bar{u}}{dy}\right)^2 .$$

Wir können dies als eine Bestimmungsgleichung für das Geschwindigkeitsprofil $\bar{u}(y)$ auffassen. Integration führt mit den Bezeichnungen (3.166) und (3.167) zu

$$\frac{\bar{u}(y)}{u_\tau} = \frac{1}{\varkappa}\, \ln y^+ + C .$$

Die beiden Konstanten $\varkappa$ und C werden im Experiment bestimmt. Es kommt das logarithmische Geschwindigkeitsprofil

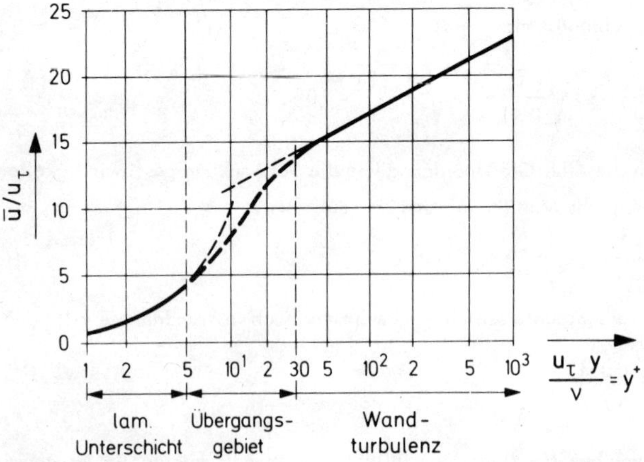

Bild 3.99 Die Geschwindigkeitsprofile in halblogarithmischer Auftragung

$$\frac{\bar{u}(y)}{u_\tau} = 2{,}5 \,\ell n\, y^+ + 5{,}5 \;. \qquad (3.168)$$

Diese universelle Gesetzmäßigkeit gilt außerhalb der (laminaren) Unterschicht, so daß die Singularität an der Wand bei $y = 0$ nicht von Bedeutung ist. Bei größerem Wandabstand schließt an (3.168) die freie Turbulenz an. Bild 3.99 enthält die beiden Gesetzmäßigkeiten (3.167) und (3.168) in halblogarithmischer Darstellung. Die in Abschnitt 3.3.6 durchgeführte Abschätzung der Unterschichtdicke Δ führt zu der Aussage:

$$y^+ = \frac{u_\tau\, y}{\nu} = \frac{u_\tau\, \Delta}{\nu} = \frac{u_\tau}{\bar{u}} \cdot \frac{\bar{u}\, D}{\nu} \cdot \frac{\Delta}{D} \approx 0{,}05 \cdot 10^4 \cdot 10^{-2} = 5.$$

Nach einem Übergangsgebiet $(5 < y^+ < 30)$ beginnt der vollturbulente Bereich.

3.3.10 Allgemeine Form der Navier-Stokes-Gleichungen

Wir gehen analog vor wie bei der Herleitung der Eulerschen Bewegungsgleichungen. Das Newtonsche Grundgesetz wird auf ein Massenelement angewandt (Bild 3.100). Als Folge der Reibung tritt eine auf jedes Oberflächenelement wirkende Kraft auf, die wir nach den drei Achsenrichtungen zerlegen. Beziehen wir die jeweilige Kraft auf die Fläche, so ergeben sich zwei Schubspannungen in der Fläche und eine Nor-

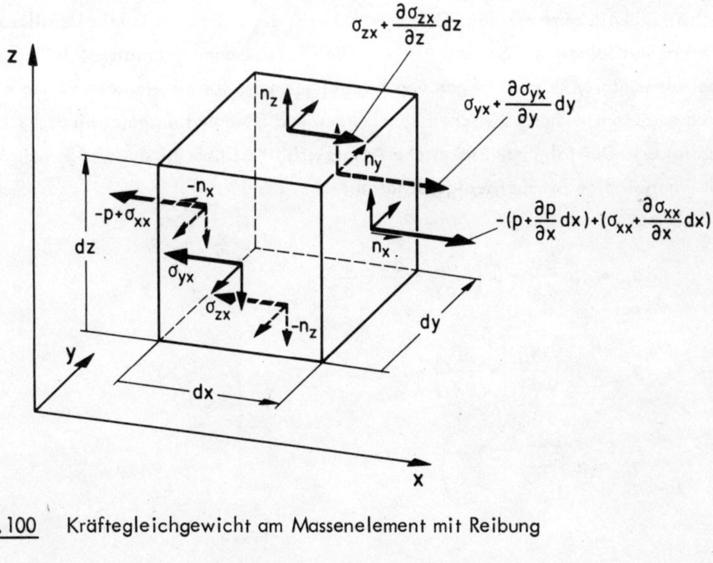

Bild 3.100 Kräftegleichgewicht am Massenelement mit Reibung

malspannung senkrecht zur Fläche. Den statischen Druck p denken wir uns hier bereits abgespalten. Die Indizierung der Spannungen erfolgt so, daß der erste Index die Stellung des Flächenelementes (durch die Flächennormale) charakterisiert. Der zweite gibt die Kraftrichtung an. Die Kräftebilanz in x-Richtung lautet

$$dm \frac{du}{dt} = f_x \, dm - \frac{\partial p}{\partial x} dx\,dy\,dz +$$

$$+ \frac{\partial \sigma_{xx}}{\partial x} dx\,dy\,dz + \frac{\partial \sigma_{yx}}{\partial y} dx\,dy\,dz + \frac{\partial \sigma_{zx}}{\partial z} dx\,dy\,dz ,$$

$$\frac{du}{dt} = f_x - \frac{1}{\rho}\frac{\partial p}{\partial x} + \frac{1}{\rho}\left(\frac{\partial \sigma_{xx}}{\partial x} + \frac{\partial \sigma_{yx}}{\partial y} + \frac{\partial \sigma_{zx}}{\partial z}\right) . \qquad (3.169)$$

Die restlichen zwei Gleichungen ergeben sich durch zyklische Vertauschung. Der Reibungseinfluß wird durch die folgende Spannungsmatrix erfaßt:

$$(\sigma_{ik}) = \begin{pmatrix} \sigma_{xx} & \sigma_{yx} & \sigma_{zx} \\ \sigma_{xy} & \sigma_{yy} & \sigma_{zy} \\ \sigma_{xz} & \sigma_{yz} & \sigma_{zz} \end{pmatrix} . \qquad (3.170)$$

Das Momentengleichgewicht für jedes Flächenelement ergibt die Aussage der Symmetrie $\sigma_{ik} = \sigma_{ki}$. Damit treten in (3.170) nur noch sechs unabhängige Größen auf. Die eigentliche Schwierigkeit liegt in der Darstellung der σ_{ik} durch die Geschwindigkeitskomponenten. D.h., es geht um die dreidimensionale Verallgemeinerung des (eindimensionalen) Newtonschen Schubspannungsansatzes. In Fortsetzung der elementaren Betrachtungen von Kapitel 1.2 wird für Newtonsche Fluide ein linearer Zusammenhang zwischen Spannungen und Deformationsgeschwindigkeiten postuliert. Der folgende Stokessche Ansatz erfüllt darüber hinaus einige naheliegende, notwendige Symmetrieeigenschaften:

$$\left.\begin{aligned} \sigma_{xx} &= 2\mu \frac{\partial u}{\partial x} + \bar{\mu}\left(\frac{\partial u}{\partial x} + \frac{\partial v}{\partial y} + \frac{\partial w}{\partial z}\right) , \\ \sigma_{xy} &= \boxed{\mu\left(\frac{\partial u}{\partial y}\right.} + \left.\frac{\partial v}{\partial x}\right) , \\ \sigma_{xz} &= \mu\left(\frac{\partial u}{\partial z} + \frac{\partial w}{\partial x}\right) . \end{aligned}\right\} \qquad (3.171)$$

$\overline{\mu}$ ist hierin ein zweiter Viskositätskoeffizient. Diese Größe tritt bei inkompressibler Strömung nicht auf. Man erkennt unmittelbar den früher behandelten Spezialfall des eindimensionalen Newtonschen Schubspannungsansatzes. Beschränken wir uns auf inkompressible Strömungen mit μ = konst, so erhalten wir die Navier-Stokes-Gleichungen in der Form

$$\frac{du}{dt} = f_x - \frac{1}{\rho}\frac{\partial p}{\partial x} + \nu\left(\frac{\partial^2 u}{\partial x^2} + \frac{\partial^2 u}{\partial y^2} + \frac{\partial^2 u}{\partial z^2}\right), \; \dots, \; \dots, \qquad (3.172)$$

wobei wieder die beiden nicht angeführten Gleichungen durch zyklische Vertauschung entstehen. In Vektorform lautet das System

$$\frac{d\vec{w}}{dt} = \vec{f} - \frac{1}{\rho}\,\mathrm{grad}\,p + \nu\,\Delta\,\vec{w}. \qquad (3.173)$$

Hinzu tritt wie früher die Kontinuitätsaussage, womit vier Differentialgleichungen für $\vec{w} = (u, v, w)$ und p vorliegen. Man beachte, daß hier ρ = konst vorausgesetzt wurde und daher keine weitere Gleichung erforderlich ist. Die Ordnung der Navier-Stokes-Gleichungen ist höher als die der Eulerschen Differentialgleichungen. Dies ermöglicht es, daß die Haftbedingung an der Körperoberfläche erfüllt werden kann. Die Navier-Stokes-Gleichungen sind in gleicher Weise nichtlinear wie die Eulerschen Gleichungen. Das liegt an den konvektiven Gliedern. Exakte Lösungen sind nur in wenigen Fällen bekannt. Wir besprechen im nächsten Abschnitt zwei Beispiele, um Eigenschaften dieser Strömungen kennenzulernen.

3.3.11 Spezielle Lösungen der Navier-Stokes-Gleichungen

1. Ausgebildete laminare Spaltströmung

Wir setzen eine ausgebildete Schichtenströmung eines inkompressiblen Mediums im ebenen Spalt $(-h \leqq y \leqq +h, \; -\infty < x < \infty)$ voraus (Bild 3.101). Dies ergibt $v = w = 0$ und $u = u(y)$. Die Kontinuitätsgleichung ist erfüllt. Es kommt bei Vernachlässigung der Schwere

1\. Navier-Stokes-Gleichung: $$\frac{1}{\rho}\frac{\partial p}{\partial x} = \nu\,\frac{d^2 u(y)}{dy^2}\,, \qquad (3.174a)$$

2\. und 3. Navier-Stokes-Gleichung: $$\frac{\partial p}{\partial y} = \frac{\partial p}{\partial z} = 0\,. \qquad (3.174b)$$

Die letzten beiden Aussagen ergeben $p = p(x)$. Der Druck ist im Spalt quer zur Strömung konstant. Dies erinnert an das Grenzschichtkonzept. Hier ist sozusagen der ganze Spalt mit Grenzschicht ausgefüllt. (3.174a) führt mit $p = p(x)$ sofort zu

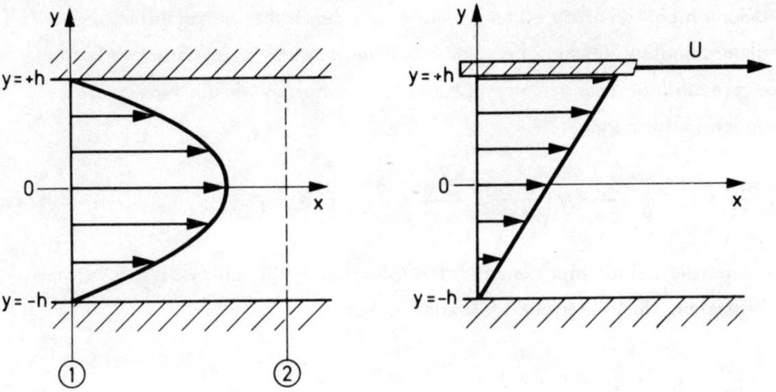

Bild 3.101 Poiseuille- und Couette-Strömung im ebenen Spalt

$$\frac{dp}{dx} = \text{konst} , \qquad \frac{d^2 u}{dy^2} = \text{konst} . \tag{3.175}$$

D.h., der Druckgradient ist konstant, und für $u(y)$ kommt eine sehr einfache, gewöhnliche Differentialgleichung zweiter Ordnung. Zweimalige Integration ergibt

$$u(y) = \frac{1}{\mu} \frac{dp}{dx} \frac{y^2}{2} + Ay + B , \qquad A, B = \text{konst} . \tag{3.176}$$

Für die Poiseuille-Strömung $(u(\pm h) = 0)$ kommt der parabolische Verlauf

$$u(y) = -\frac{h^2}{2\mu} \frac{dp}{dx} \left(1 - \frac{y^2}{h^2}\right) = u_{max}\left(1 - \frac{y^2}{h^2}\right) , \tag{3.177}$$

dagegen erhalten wir für die Couette-Strömung $(u(-h) = 0,\ u(+h) = U,\ dp/dx = 0)$ die lineare Funktion

$$u(y) = \frac{U}{2}\left(1 + \frac{y}{h}\right) . \tag{3.178}$$

Die Lösung für die Poiseuille-Strömung im Spalt entspricht völlig der früher diskutierten Rohrströmung. Wir bestimmen wie dort den Volumenstrom (b ist die Breitenerstreckung der Strömung)

$$\dot{V} = u_m\, 2hb = b \int_{-h}^{h} u\, dy = b\, u_{max} \int_{-h}^{h} \left(1 - \frac{y^2}{h^2}\right) dy = \frac{2}{3} u_{max}\, 2hb ,$$

$$u_m = \frac{2}{3} u_{max} \quad . \tag{3.179}$$

Für den Druckabfall auf der Spaltlänge ℓ kommt damit

$$\Delta p = \frac{\rho}{2} u_m^2 \cdot \frac{\ell}{2h} \cdot \frac{24}{Re} \qquad Re = \frac{u_m 2h}{\nu} \quad . \tag{3.180}$$

Dasselbe Ergebnis liefert der Impulssatz. Der Leser bestätige dies. Die beiden Lösungen (3.177) und (3.178) lassen sich linear überlagern, weil in diesem Spezialfall die konvektiven Glieder fortfallen und damit die Navier-Stokes-Gleichungen linear sind:

$$u(y) = -\frac{h^2}{2\mu} \frac{dp}{dx} \left(1 - \frac{y^2}{h^2}\right) + \frac{U}{2} \left(1 + \frac{y}{h}\right) \quad . \tag{3.181}$$

Die obere Berandung des Spaltes wird mit der Geschwindigkeit U bewegt, die untere ruht. Dem ganzen Stromfeld ist der Druckgradient $dp/dx \gtreqless 0$ aufgeprägt. In Abhängigkeit von der Größe von dp/dx ergeben sich interessante Geschwindigkeitsverteilungen. Es kann z.B. zu Rückströmungen in der Nähe der ruhenden Wand kommen. Hier reicht der Antrieb der oberen Berandung offenbar nicht aus, den Druckanstieg im ganzen Spalt zu überwinden (Bild 3.102). Die Lösung (3.181) beschreibt z.B. die Strömung im Schmierspalt zwischen Welle und Lagerschale, wenn man die Krümmung des Spaltes vernachlässigt (kleine Spaltweiten). Dort bildet sich

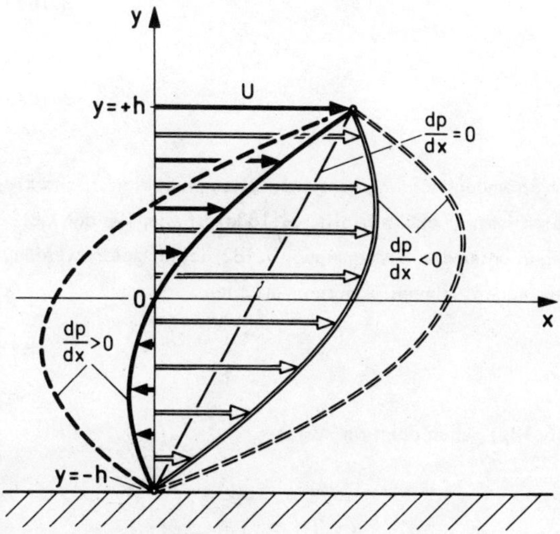

Bild 3.102 Überlagerung von Poiseuille- und Couette-Strömung im ebenen Spalt mit Rückströmung

die Druckverteilung aufgrund der Spaltgeometrie aus, d.h., sie wird durch den veränderlichen Abstand von Welle und Lager aufgebaut.

2. Rayleigh-Stokessches Problem für die Platte

Die soeben behandelte Spaltströmung schloß unmittelbar an die früher berechnete Rohrströmung an. Jetzt diskutieren wir eine ganz andere Lösung der Navier-Stokes-Gleichungen, die uns zwanglos zur Behandlung der Grenzschichttheorie führen wird.

Eine unendlich ausgedehnte horizontale Platte wird in einer ruhenden Umgebung ruckartig auf die Geschwindigkeit U gebracht. Durch den Reibungseinfluß wird das über der Platte befindliche Fluid allmählich mitgenommen (Bild 3.103). Der Reibungseinfluß breitet sich im Laufe der Zeit immer weiter in Querrichtung (y) aus, mit anderen Worten: die Grenzschicht wächst mit der Zeit an. Wir bestimmen nun ihre Dicke. Die Strömung ist ausgebildet, so daß jede Ableitung nach x verschwindet und $v \equiv 0$ ist. Es verbleibt damit $u = u(y,t)$. Die Anfangs-Randbedingungen des Problems sind

$$\begin{aligned} t &\leqq 0: \quad u = 0 \quad , \quad y \geqq 0 , \\ t &> 0: \quad u(0,t) = U \quad , \quad u(\infty, t) = 0 . \end{aligned} \tag{3.182}$$

Die Navier-Stokes-Gleichungen ergeben bei Vernachlässigung der Schwere

$$\frac{\partial u}{\partial t} = \nu \frac{\partial^2 u}{\partial y^2} , \tag{3.183a}$$

$$\frac{\partial p}{\partial y} = 0 . \tag{3.183b}$$

Der Druck ist also quer zur Strömungsrichtung konstant. Diese charakteristische Eigenschaft der Grenzschichten ist hier exakt erfüllt. (3.183a) ist vom Typ der Wärmeleitungsgleichung und kann unter den Bedingungen (3.182) leicht gelöst werden. Wir fassen y und t zu der neuen, dimensionslosen Variablen

$$\frac{y}{\sqrt{\nu t}} = s$$

zusammen. (3.183a) und (3.182) gehen dann für

$$\frac{u(y,t)}{U} = f(s)$$

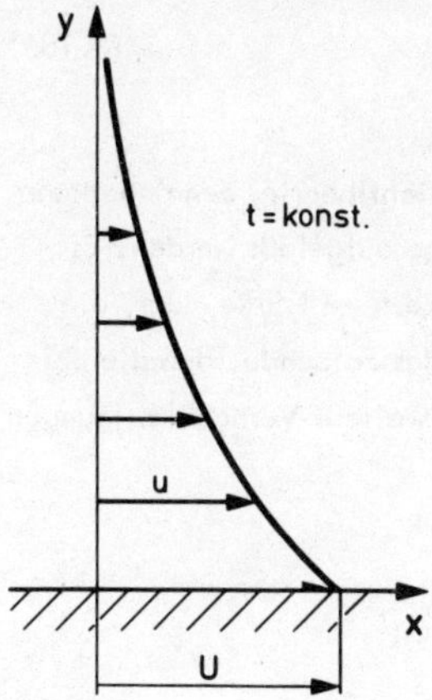

Bild 3.103 Rayleigh-Stokes-Strömung für die ruckartig bewegte Platte

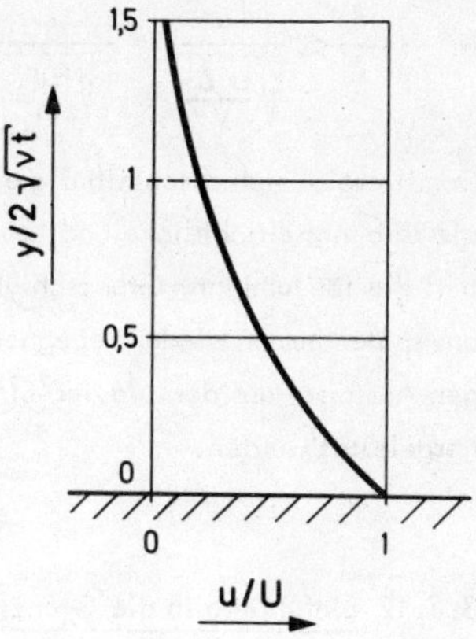

Bild 3.104 Universelles Geschwindigkeitsprofil bei der ruckartig bewegten Platte

über in die gewöhnliche Differentialgleichung mit den folgenden Randbedingungen:

$$f''(s) + \frac{s}{2} f'(s) = 0 \ , \quad f(0) = 1 \ , \quad f(\infty) = 0 \ .$$

Als Lösung erhalten wir die Fehlerfunktion

$$\frac{u(y,t)}{U} = 1 - \frac{1}{\sqrt{\pi}} \int_0^{y/\sqrt{\nu t}} \exp\left(-\frac{\eta^2}{4}\right) d\eta = 1 - \operatorname{erf}\left(\frac{y}{2\sqrt{\nu t}}\right). \qquad (3.184)$$

Es ergibt sich ein einziges Geschwindigkeitsprofil, das von der Variablen $y/2\sqrt{\nu t}$ abhängt (Bild 3.104). Hieraus kann für jeden Wandabstand y zu jeder Zeit t die Geschwindigkeit bestimmt werden. Wir wollen mit (3.184) die Dicke δ derjenigen Fluidschicht bestimmen, die bei der Bewegung der Platte mitgenommen wird. Für $y = \delta$ sei $u/U = 0{,}01$. (3.184) liefert hierfür

$$\delta \approx 4\sqrt{\nu t} \ . \qquad (3.185)$$

Diese Schichtdicke nimmt also, wie zu erwarten, mit der Zeit zu. Für Reibungs- und Wärmeleitungsvorgänge ist die Wurzelabhängigkeit charakteristisch. Geht man von der Zeit zu der Länge $\ell = t \cdot U$ über, so wird

$$\frac{\delta}{\ell} \approx \frac{4}{\sqrt{\frac{U\ell}{\nu}}} = \frac{4}{\sqrt{Re_\ell}} \,. \tag{3.186}$$

Damit ergibt sich zwangsläufig ein Zugang zur Grenzschichttheorie, denn δ kann als Reibungsschichtdicke und ℓ als zugehörige Lauflänge aufgefaßt werden. Es tritt die für laminare Grenzschichten typische Abhängigkeit $\sim 1/\sqrt{Re_\ell}$ auf, die uns später immer wieder begegnen wird. Wichtig ist für das Folgende, daß die obigen Aussagen aus den Navier-Stokes-Gleichungen ohne weitere Vernachlässigungen hergeleitet wurden.

3.3.12 Einführung in die Grenzschichttheorie

Für hohe Re-Zahlen ($Re = U\ell/\nu \gg 1$) spielt die Reibung nur in der wandnahen Grenzschicht (Dicke δ) eine Rolle (Bild 3.105). Dort erfolgt der Anstieg der Geschwindigkeit von Null auf den Wert der Außenströmung. Wir bestimmen δ für den Spezialfall der längsangeströmten Platte bei laminarer Strömung. Außerdem sei die Strömung stationär und inkompressibel. Wir werden dabei die Beziehung (3.186) bestätigen. Mit Hilfe der früher diskutierten Kennzahlen erkennt man sofort, daß bei der Platte für die Grenzschichtdicke bei $x = \ell$ eine Abhängigkeit der Form

$$\frac{\delta}{\ell} = f(Re_\ell) \tag{3.187}$$

bestehen muß. Mit dem Impulssatz kann man die Funktion f leicht ermitteln. Wir wählen hierzu als Kontrollfläche ein Rechteck mit den Seitenlängen x und $\delta(x)$ (Bild 3.106). Der Druck wird der Grenzschicht von der Außenströmung aufgeprägt ($\partial p/\partial y = 0$). Bei der Platte ist p im Außenraum konstant. Daher ist der Druck in diesem Fall auch in der Grenzschicht konstant. Wir beginnen mit einer Kontinuitätsaussage. Für die Massenströme durch die Kontrollflächen 1, 2, 3 kommt (b = Breite der betrachteten Grenzschicht) $\dot{m}_1 = \rho U \delta b$,

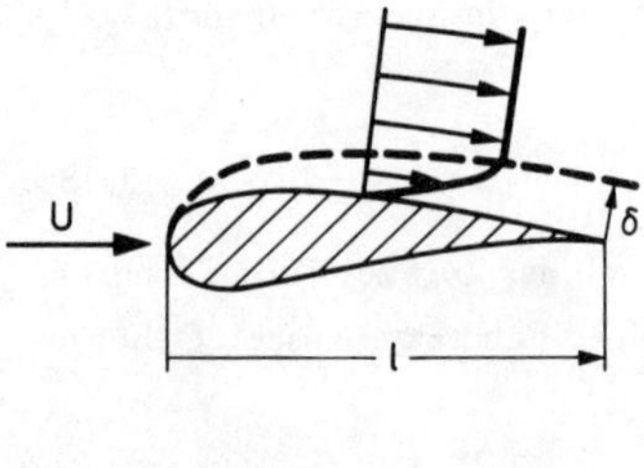

Bild 3.105 Strömungsgrenzschicht am Flügel

Bild 3.106 Kontrollflächen für die Plattengrenzschicht

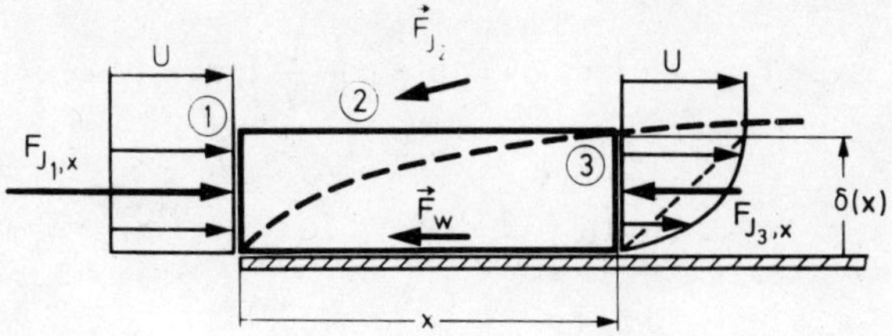

$$\left.\begin{aligned}
\dot{m}_3 &= \rho\, b \int_0^\delta u\, dy = \text{(speziell beim linearen Profil)} = \\
&= \rho\, b\, \frac{U}{\delta} \int_0^\delta y\, dy = \frac{1}{2}\, \rho\, U\, \delta\, b\,, \\
\dot{m}_2 &= \dot{m}_1 - \dot{m}_3 = \rho\, b \left(U\,\delta - \int_0^\delta u\, dy \right) = \text{(lineares Profil)} = \\
&= \frac{1}{2}\, \rho\, U\, \delta\, b\,.
\end{aligned}\right\} \qquad (3.188a)$$

Durch die obere Berandung tritt Masse aus, da der Massenstrom in ③ kleiner ist als in ① . Die Grenzschicht hat damit eine Verdrängungswirkung. Dieser Effekt ruft eine Impulskraft auf der Fläche ② hervor. Wir erhalten der Reihe nach

$$\left.\begin{aligned}
F_{J_1,x} &= \rho\, U^2\, \delta\, b\,, \\
F_{J_2,x} &= -\rho\, U \int_{②} (\vec{w}\,\vec{n})\, dA = -U\, \dot{m}_2 = \text{(lineares Profil)} = \\
&= -\frac{1}{2}\, \rho\, U^2 \delta\, b\,, \\
F_{J_3,x} &= -\rho\, b \int_0^\delta u^2\, dy = \text{(lineares Profil)} = -\frac{1}{3}\, \rho\, U^2\, \delta\, b\,.
\end{aligned}\right\} \qquad (3.188b)$$

Die Wandreibungskraft wird

$$F_{w,x} = -b \int_0^x \tau_w \, dx = -b \int_0^x \mu \left(\frac{\partial u}{\partial y}\right)_w dx = \text{(lineares Profil)} = \tag{3.188c}$$

$$= -\mu U b \int_0^x \frac{dx}{\delta(x)} .$$

Dabei wurde das Geschwindigkeitsprofil in der Grenzschicht durch eine lineare Funktion ersetzt. Dies dient lediglich zur Vereinfachung der Rechnungen. Der Impulssatz liefert den Zusammenhang

$$\frac{U\,\delta(x)}{6\,\nu} = \int_0^x \frac{dx}{\delta(x)} ,$$

Durch Differentiation nach x entsteht für $\delta(x)$ die gewöhnliche Differentialgleichung

$$\frac{U}{6\,\nu} \frac{d\,\delta(x)}{dx} = \frac{1}{\delta(x)} ,$$

die sich mit der Anfangsbedingung $\delta(0) = 0$ sofort lösen läßt. Ersetzen wir x durch die Lauflänge ℓ, so wird

$$\frac{\delta}{\ell} = \frac{3{,}46}{\sqrt{\frac{U\ell}{\nu}}} = \frac{3{,}46}{\sqrt{Re_\ell}} . \tag{3.189}$$

Wir bestätigen damit die bereits früher benutzten charakteristischen Aussagen über die Grenzschicht. Für $Re_\ell >> 1$ ist $\delta/\ell << 1$, wobei die typische Abhängigkeit $\delta/\ell \sim 1/\sqrt{Re_\ell}$ auftritt. Ein Zahlenbeispiel erläutert die Größenordnung

$$Re_\ell = 5 \cdot 10^5 \text{ (obere Grenze)}, \quad \delta/\ell \approx 5 \cdot 10^{-3} , \quad \ell = 1\text{ m} , \quad \delta \approx 5\text{ mm}.$$

Für die Anwendungen sind die Wandschubspannung $\tau_w(x)$ sowie die Wandreibungskraft W_R von Wichtigkeit.
Mit den obigen Ergebnissen kommt

$$\tau_w = \mu \left(\frac{\partial u}{\partial y}\right)_w = \text{(lineares Profil)} = \mu \frac{U}{\delta(x)} = \frac{\rho}{2} U^2 \frac{0{,}577}{\sqrt{\frac{U x}{\nu}}} . \tag{3.190}$$

Charakteristisch ist die Abhängigkeit $\tau_w \sim 1/\delta(x) \sim 1/\sqrt{x}$. Für den dimensionslosen Beiwert ergibt sich

$$c_f = \frac{\tau_w}{\frac{\rho}{2} U^2} = \frac{0{,}577}{\sqrt{Re_x}} \quad . \tag{3.191a}$$

Die exakte Lösung der Grenzschichtgleichungen, d.h. ohne Benutzung des linearen Geschwindigkeitsprofils, ergibt

$$c_{f'} = \frac{0{,}664}{\sqrt{Re_x}} \quad . \tag{3.191b}$$

Die Reynolds-Zahl-Abhängigkeit bleibt erhalten, lediglich der Zahlenkoeffizient wird geändert. Durch Integration erhalten wir die Wandreibungskraft (Bild 3.107):

$$dW_R = b\,\tau_w\,dx\,, \qquad W_R = b\int_0^{\ell} \tau_w\,dx\,.$$

Der dimensionslose Beiwert ergibt sich zu

$$\zeta = \frac{W_R}{\frac{\rho}{2} U^2 b\,\ell} = \frac{1}{\ell}\int_0^{\ell} \frac{\tau_w}{\frac{\rho}{2} U^2}\,dx = \frac{1}{\ell}\int_0^{\ell} c_{f'}\,dx\,,$$

$$\zeta = \frac{1{,}328}{\sqrt{Re_\ell}} \quad . \tag{3.192}$$

Wird die Platte beidseitig benetzt, so kommt der Faktor 2. Wieder tritt die Abhän-

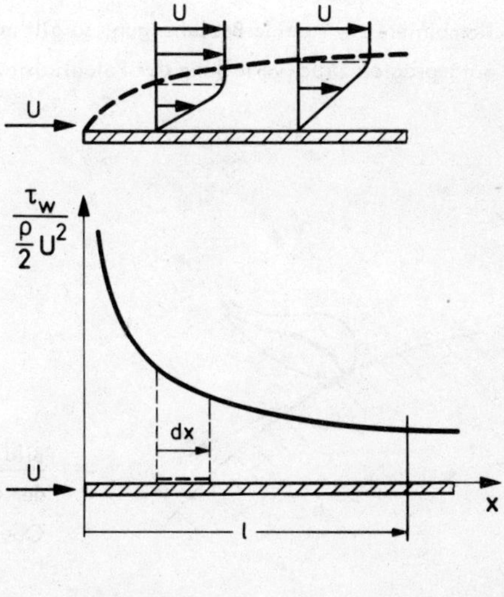

Bild 3.107 Zur Berechnung der Wandreibungskraft

gigkeit $\zeta \sim 1/\sqrt{Re_\ell}$ auf. Variiert die Reynolds-Zahl von 10^4 bis 10^6, so ändert sich die Größenordnung ζ von 1% auf 1‰. Dies sind typische Größenordnungen des (laminaren) Reibungskoeffizienten.

Wir kommen jetzt zu einigen grundsätzlichen Aussagen über laminare Grenzschichten an gekrümmten Wänden. Die Außengeschwindigkeit und der Druck sind nun nicht mehr konstant. Sie müssen mit den (oben besprochenen) Methoden der Potentialtheorie ermittelt werden. Am Rand der Grenzschicht sehen wir sie jetzt als bekannte Funktionen von x an. In Abhängigkeit dieser aufgeprägten äußeren Druckverteilung stellen sich nun in der Grenzschicht unterschiedliche Geschwindigkeitsprofile ein. Bild 3.108 zeigt einige dieser Möglichkeiten. Wir sehen, daß es dabei zu erheblichen Änderungen der wandnahen (inneren) Geschwindigkeiten kommen kann. Die Steigung der Wandtangente an das Geschwindigkeitsprofil kann Null (Ablösung) oder sogar negativ (Rückströmung) werden. Demgegenüber ändern sich die Außengeschwindigkeiten nur relativ wenig. Auf einer mäßig gekrümmten Körperoberfläche $(u = v = 0)$ liefert die erste Navier-Stokes-Gleichung den Zusammenhang

$$\frac{1}{\rho} \left(\frac{\partial p}{\partial x}\right)_w = \nu \left(\frac{\partial^2 u}{\partial y^2}\right)_w . \qquad (3.193a)$$

Die zweite Navier-Stokes-Gleichung reduziert sich im Fall hoher Reynolds-Zahl - wie beim Rohr und Spalt - zu der Aussage

$$\frac{\partial p}{\partial y} = 0 . \qquad (3.193b)$$

Kombinieren wir beide Beziehungen, so gilt mit $p = p(x)$ als der der Grenzschicht aufgeprägten Druckverteilung der Potentialströmung auf dem umströmten Körper

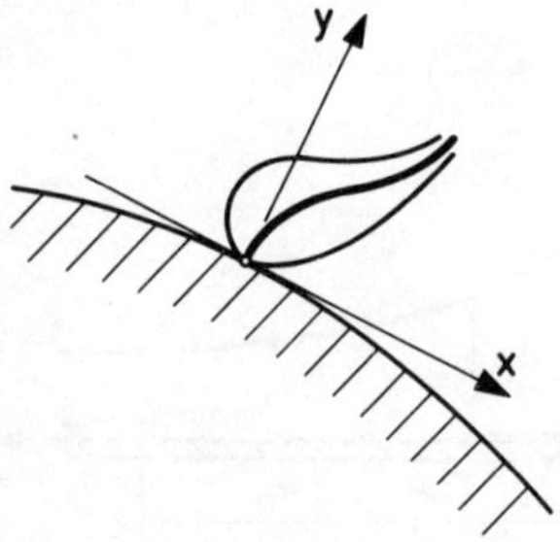

Bild 3.108 Geschwindigkeitsprofile in der Grenzschicht an einer gekrümmten Oberfläche

Bild 3.109 Druckverlauf und Grenzschichtprofile bei laminarer Profilumströmung

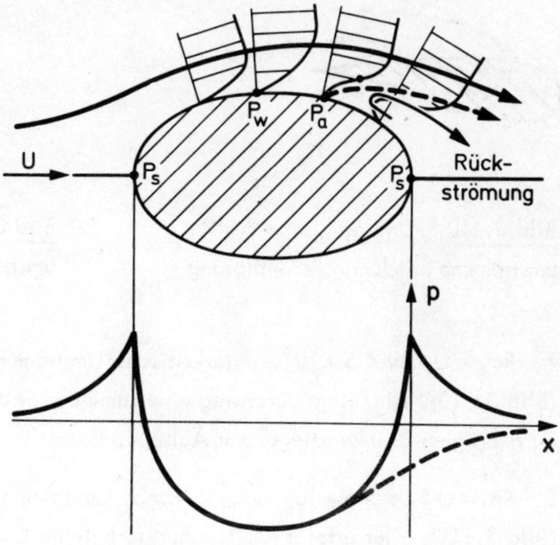

$$\frac{1}{\rho} \; \frac{dp(x)}{dx} = \nu \left(\frac{\partial^2 u}{\partial y^2} \right)_w \quad . \qquad (3.194)$$

Die rechte Seite ist ein Maß für die Krümmung des Geschwindigkeitsprofils am Körper. Die linke Seite können wir als eine vorgegebene Funktion betrachten. An dieser Stelle gehen die Kenntnisse der Theorie der Potentialströmungen ein. In Bild 3.109 ist ein typischer Fall der laminaren Profilumströmung (unterkritisch) diskutiert. Ausgangspunkt ist die Druckverteilung auf der Profilstromlinie. Auf der Körpervorderseite haben wir ein völliges Geschwindigkeitsprofil. Dort ist $dp/dx < 0$, die Strömung wird beschleunigt. Im Dickenmaximum ist $dp/dx = 0$. Nach (3.194) tritt dort ein Wendepunkt im Geschwindigkeitsprofil auf (P_w). Auf der Rückseite des Körpers wird die Strömung verzögert, $dp/dx > 0$. Die inneren Geschwindigkeiten nehmen stark ab, die Wandtangente steilt sich auf, der Wendepunkt wandert ins Innere der Grenzschicht. Ist die Wandtangente normal zur Oberfläche (P_a), so beginnt die Ablösung. Stromabwärts kommt es zu Rückströmungen. Diese rückläufigen Bewegungen können auf der Körperrückseite die Potentialdruckverteilung erheblich ändern.

Wir unterscheiden zwei typische Fälle bei Profilumströmungen:

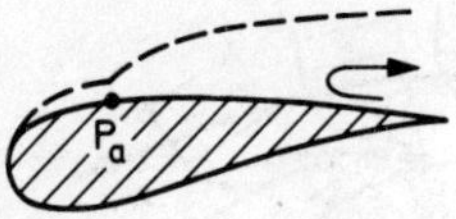

Bild 3.110 Unterkritische Profilumströmung mit laminarer Ablösung

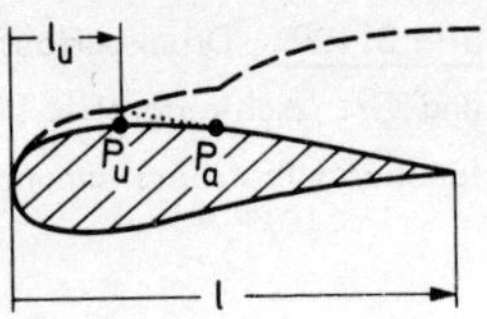

Bild 3.111 Überkritische Profilumströmung mit turbulenter Ablösung

1. $Re_\ell = U\ell/\nu < 5 \cdot 10^5$: unterkritische Umströmung mit laminarer Ablösung (Bild 3.110). Hier liegt durchweg eine laminare Strömung vor, die aufgrund des aufgeprägten Druckanstieges zur Ablösung kommt.

2. $Re_\ell = U\ell/\nu > 5 \cdot 10^5$: überkritische Umströmung mit turbulenter Ablösung (Bild 3.111). Hier erfolgt der laminar-turbulente Umschlag (P_u) nach der Lauflänge ℓ_u. Die anschließende turbulente Grenzschicht löst in P_a ab.

Für den umströmten Körper ist die kritische Reynolds-Zahl

$$Re_{krit} = \frac{U\,\ell_u}{\nu} = 5 \cdot 10^5 - 10^6 \quad , \tag{3.195}$$

also

$$\frac{\ell_u}{\ell} = \frac{Re_{krit}}{Re_\ell} \approx \frac{5 \cdot 10^5}{Re_\ell} \quad . \tag{3.196}$$

Mit wachsender Reynolds-Zahl nimmt ℓ_u/ℓ ab. Zu $Re_\ell = 10^7$ gehört z.B. $\ell_u/\ell \approx 5 \cdot 10^{-2}$. Hier kommt es also bereits nach kurzer Lauflänge zum Umschlag.

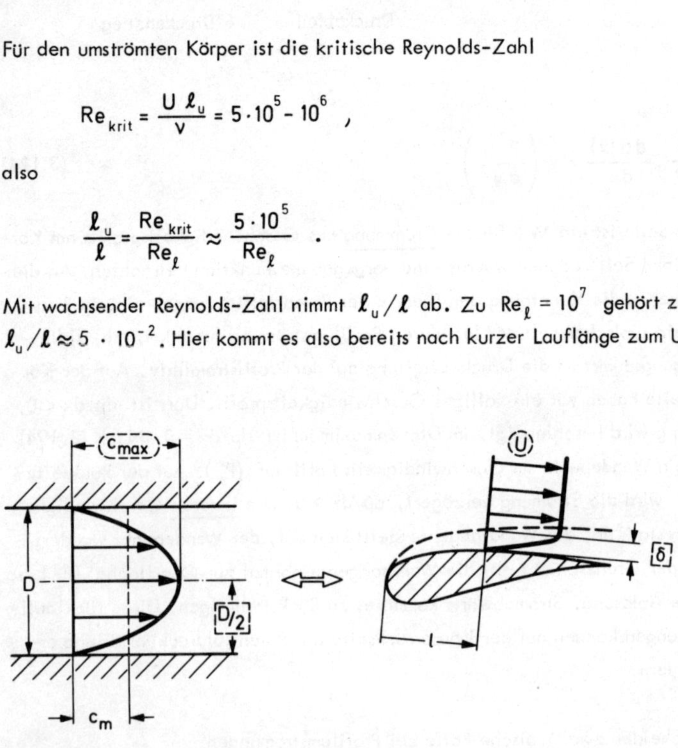

Bild 3.112 Zusammenhang der Reynolds-Zahlen beim Rohr und Flügel

Zwischen den kritischen Reynolds-Zahlen beim Rohr und Flügel, d.h. beim Durchströmen und Umströmen, gibt es einen einfachen Zusammenhang (Bild 3.112). Es besteht die Korrespondenz:

$$c_{max} = 2\,c_m \Longrightarrow U\,,$$

$$\frac{D}{2} \Longrightarrow \delta\,.$$

Damit lassen sich die Reynolds-Zahlen wie folgt umrechnen:

$$Re_D = \frac{c_m D}{\nu} \Longrightarrow \frac{U}{2}\cdot\frac{2\delta}{\nu} = \frac{U\delta}{\nu} = Re_\delta\,.$$

Der Reynolds-Zahl bei der Rohrströmung entspricht damit die mit der Grenzschichtdicke δ gebildete Reynolds-Zahl beim Flügel.

$$Re_\delta = \frac{U\delta}{\nu} = \frac{U\ell}{\nu}\cdot\frac{\delta}{\ell} = \text{(Plattengrenzschicht)} = 3{,}46\sqrt{Re_\ell}\,,$$

$$Re_D = 3{,}46\,\sqrt{Re_\ell}\,. \tag{3.197}$$

Dies ist der Zusammenhang der Reynolds-Zahlen bei den zwei typischen Strömungsproblemen. Der wesentliche Unterschied liegt in den verschiedenen charakteristischen Längenmaßstäben.

Das turbulente Geschwindigkeitsprofil ist stets völliger als das laminare (Bild 3.113). Diese von der Rohrströmung her bekannte Aussage gilt genauso auch bei Umströmungsproblemen. Für die Platte stellen wir das laminare und das turbulente

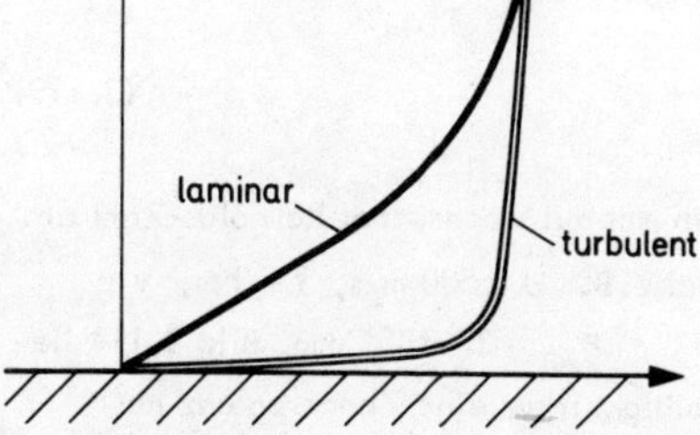

Bild 3.113 Turbulentes und laminares Geschwindigkeitsprofil bei der Plattenströmung

Ergebnis zusammen:

$$\frac{W_R}{\frac{\rho}{2} U^2 b \ell} = \zeta = \begin{cases} \dfrac{1{,}328}{\sqrt{Re_\ell}} \ , & \text{laminar} \ , \\ \dfrac{0{,}074}{(Re_\ell)^{1/5}} \ , & \text{turbulent} \ . \end{cases} \tag{3.198}$$

Die folgende Tabelle erläutert die Größenordnungen.

	Re_ℓ	ζ
laminar	10^6 (obere Grenze)	$1{,}3 \cdot 10^{-3}$
turbulent	10^5	$7{,}4 \cdot 10^{-3}$
	10^6	$4{,}7 \cdot 10^{-3}$
	$5 \cdot 10^7$	$2{,}1 \cdot 10^{-3}$

Bei gleicher Reynolds-Zahl ist also $\zeta_{turb} > \zeta_{lam}$ und damit ist der Reibungswiderstand der laminaren Strömung kleiner als der der turbulenten. Diese Tatsache hat im Flugzeugbau zur Entwicklung der sogenannten Laminarprofile geführt. Hier wird durch geeignete Wahl der Profilform der Umschlagspunkt möglichst weit zum Körperheck verschoben, damit die laminare Grenzschicht lange erhalten bleibt. Man muß dabei allerdings beachten, daß neben dem Reibungswiderstand noch der Druckwiderstand auftritt. Erst beide Anteile zusammen ergeben den Gesamtwiderstand. Das Verhältnis der beiden Komponenten kann dabei in weiten Grenzen variieren. Bei der längsangeströmten Platte tritt z.B. nur Reibungswiderstand auf, bei der quergestellten Platte dagegen nur Druckwiderstand. Wir kommen darauf im nächsten Abschnitt zurück.

Für den Reibungswiderstand ζ der rauhen Platte gilt eine dem Nikuradse-Diagramm ähnliche Darstellung (Bild 3.114). Die Platte ist hydraulisch glatt, wenn die folgende Abschätzung gilt (ε = Erhebung der äquivalenten Sandkornrauhigkeit):

$$\frac{U\varepsilon}{\nu} = Re_\ell \cdot \frac{\varepsilon}{\ell} \leqq 100 \ . \tag{3.199}$$

Das zulässige Rauhigkeitsverhältnis ε / ℓ nimmt mit wachsender Reynolds-Zahl ab. Bei einem Hochgeschwindigkeitsflugzeug sei z.B. $U = 500$ m/s, $\ell = 3$ m, $\nu = 15 \cdot 10^{-6}$ m²/s, $Re_\ell = 10^8$, $(\varepsilon/\ell)_{zul} = 10^{-6}$, $\varepsilon_{zul} = 3 \cdot 10^{-3}$ mm. Bild 3.114 liefert hierzu $\zeta = 0{,}002$. Erhöhen wir die Rauhigkeit um eine Zehnerpotenz auf

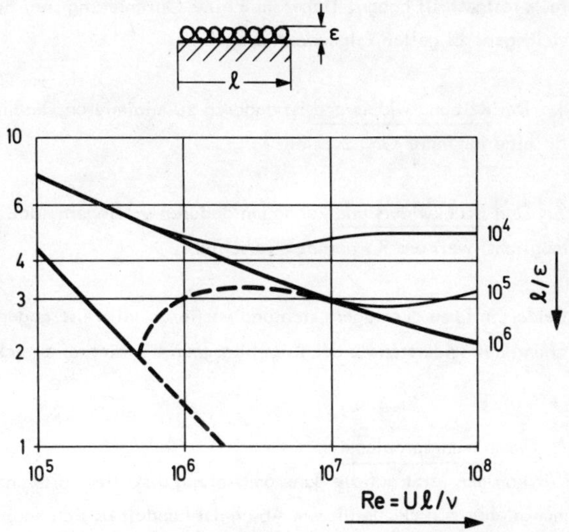

Bild 3.114 Widerstandsbeiwert ζ der Platte als Funktion von Rauhigkeit und Reynolds-Zahl

$\varepsilon = 3 \cdot 10^{-2}$ mm, so wird $\zeta = 0{,}0033$. Zum Unterschied gegenüber der Rohrströmung kommt es bei der Plattenströmung nicht zu einer ausgebildeten Strömung. Die Grenzschichtdicke nimmt in Strömungsrichtung ständig zu, und damit wächst die (laminare) Reibungsunterschicht ebenfalls. Rauhigkeiten wirken sich vorn also wesentlich gravierender aus als weiter stromabwärts, wo sie gegebenenfalls bereits in der Unterschicht verschwinden. Eine besonders gute Bearbeitung der vorderen Partien des umströmten Körpers dürfte sich daher in vielen Fällen lohnen.

3.3.13 Widerstand und Druckverlust

Der Gesamtwiderstand (1) ist die Summe aus Reibungswiderstand (2) und Druckwiderstand (3). Was die Messungen betrifft, so ergibt sich (1) aus einer einfachen Kraftmessung und (3) durch Integration der Druckverteilung über den Körper. Der in der Regel schwerer meßbare Anteil (2) stellt sich dann als Differenz der Terme (1) und (3) dar. Der Druckwiderstand (3) kann von erheblicher Größenordnung sein, da durch eine Ablösung die potentialtheoretische Druckverteilung in der Nähe des Körperhecks wesentlich geändert werden kann. Das gegenseitige Größenverhältnis von (2) zu (3) kann ganz verschieden sein, wie wir im letzten Abschnitt bereits festgestellt haben. Daher muß eine Optimierung stets beide Einflüsse berücksichtigen. Es gelten folgende Aussagen:

1. Der Reibungswiderstand ist dadurch zu minimieren, daß man nach Möglichkeit für eine laminare Grenzschicht sorgt.

2. Den Druckwiderstand kann man dadurch verringern, daß man die Ablösestelle möglichst weit ans Körperheck verschiebt.

Beide Einflüsse überlagern sich und variieren teilweise gegenläufig. Bei der Besprechung des Widerstandes der Kugel kommen wir hierauf zurück.

A Umströmungsprobleme

Wir kommen jetzt auf die ganz am Anfang diskutierten Grundaufgaben der Strömungslehre zurück. In diesem Abschnitt handelt es sich hauptsächlich um den Widerstand eines Körpers in einer Strömung:

$$W = \frac{\rho}{2} c^2 \cdot A \cdot c_w \ . \qquad (3.200)$$

c ist die Anströmgeschwindigkeit und A eine charakteristische Bezugsfläche. Der dimensionslose Widerstandsbeiwert c_w hängt hierbei von allen Kennzahlen des Problems: Re, M etc., ab.

1. Kennzahlunabhängige Körperformen

Hierbei ist in der Regel eine Ablösung an einer scharfen Kante fixiert. Eine Reynolds-Zahl-Unabhängigkeit liegt bei genügend hoher Reynolds-Zahl vor. Der Körper besitzt vornehmlich Druckwiderstand.

Strömung normal gegen eine Rechteckplatte (Bild 3.115):

a/b	1	2	4	10	18	∞
c_w	1,10	1,15	1,19	1,29	1,40	2,01

Kreisscheibe (Bild 3.116) $c_w = 1{,}11$

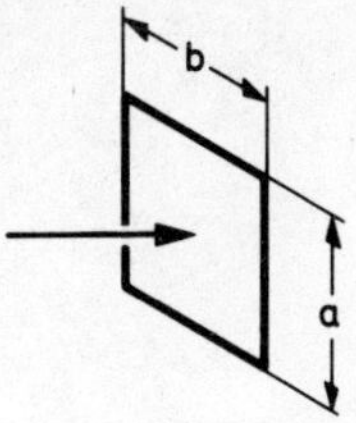

Bild 3.115 Strömung gegen eine Rechteckplatte

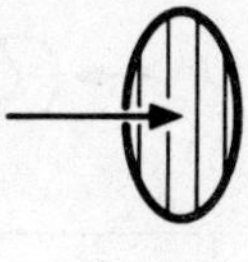

Bild 3.116 Strömung gegen eine Kreisscheibe

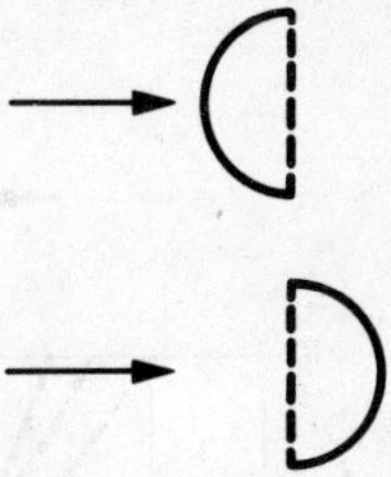

Bild 3.117 Strömung gegen eine Halbkugel

Halbkugel (Bild 3.117)

ohne Boden $c_w = 0{,}34$,
mit Boden $c_w = 0{,}42$.

ohne Deckfläche $c_w = 1{,}33$,
mit Deckfläche $c_w = 1{,}17$.

2. Kennzahlabhängige Körperformen

Jetzt ist die Lage des Ablösepunktes von der Reynolds-Zahl abhängig. Bei der Kugel gilt für $Re \lesssim 1$ (<<) die Stokessche Formel (= schleichende Strömung) $c_w = 24/Re$. Für größere Reynolds-Zahlen ist (Bild 3.118):

	unterkritisch	überkritisch	
Re	$2 \cdot 10^4$ bis $3 \cdot 10^5$	$4 \cdot 10^5$	10^6
c_w	0,47	0,09	0,13

Beim Zylinder gilt entsprechend (Bild 3.118):

	unterkritisch	überkritisch
Re	$\sim 2 \cdot 10^5$	$5 \cdot 10^5$
c_w	1,2	0,3 - 0,4

Bemerkenswert ist in beiden Fällen der rapide Widerstandsabfall beim Umschlag der laminaren in die turbulente Grenzschichtströmung. Beim Überschreiten von $Re_{krit} \approx 5 \cdot 10^5$ nimmt der Druckwiderstand erheblich ab, da die turbulente Grenzschicht aufgrund des größeren Energieaustausches mit der Außenströmung erst später ablöst als die laminare. Prandtl konnte dies mit einem Draht, der auf der

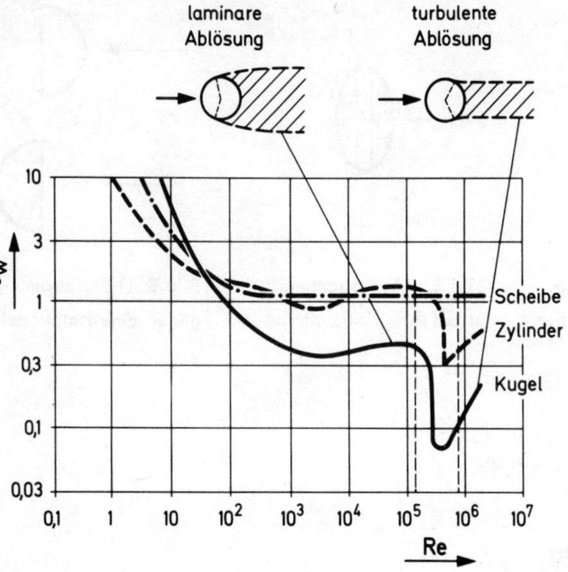

Bild 3.118 Widerstandskoeffizienten von Kugel, Zylinder und Scheibe als Funktion der Reynolds-Zahl

Stirnseite der Kugel auflag (Stolperdraht) und dadurch die Strömung turbulent machte, überzeugend nachweisen. Im vorliegenden Fall ist es so, daß die Abnahme des Druckwiderstandes die Zunahme des Reibungswiderstandes überkompensiert derart, daß der Gesamtwiderstand beträchtlich sinkt. Hier spielt also der Druckwiderstand und dessen Variation die entscheidende Rolle. Dabei ist zu beachten, daß die spezielle Körperform ganz wesentlich eingeht. Liegt ein anderer Körper vor, so kann sich das Verhältnis umkehren. Der Leser kann nach diesen Vorbereitungen leicht die verschiedenen Fälle selbst diskutieren.

B Durchströmungsprobleme

Hier geht es vornehmlich um die Bestimmung des Druckverlustes Δp_V :

$$\Delta p_V = \frac{\rho}{2} \, c_m^{\,2} \cdot \zeta_V \; . \tag{3.201}$$

ζ_V bezeichnet den Verlustkoeffizienten und hängt wie c_w von den dimensionslosen Kenngrößen des jeweiligen Problems ab. Wir sind früher wiederholt auf eine solche Darstellung gestoßen. Im Folgenden werden einige Ergebnisse für das gerade

Rohr, den Diffusor und den Krümmer zusammengestellt. Diese drei Beispiele stellen die wichtigsten Elemente einer Rohrleitung dar.

1. Gerades Rohr. Hier verweisen wir auf die in Kapitel 3.3.5 und 3.3.6 gemachten Ausführungen. Bei ausgebildeter Strömung ist

$$\zeta_V = \lambda \cdot \frac{\ell}{D} \;, \tag{3.202}$$

wobei $\lambda = f(Re,\ R/k_s)$ durch das Nikuradse-Diagramm (Bild 3.86) gegeben ist. Handelt es sich um die Strömung in der Einlaufstrecke, so muß man auf (3.201) zurückgehen.

2. Diffusor. In diesem Zusammenhang erinnern wir zunächst an den Grenzfall des Carnot-Diffusors. Vergleichen wir (3.201) mit (3.106), so wird

$$\zeta_V = \frac{\Delta p_{V,C}}{\frac{\rho}{2} c_m^2} = \frac{\Delta p_{id} - \Delta p_C}{\frac{\rho}{2} c_m^2} = \left(1 - \frac{A_1}{A_2}\right)^2 \tag{3.203}$$

Für den Diffusor mit stetiger Querschnittserweiterung gilt

$$\zeta_V = k(\alpha) \left(1 - \frac{A_1}{A_2}\right)^2$$

mit α als Öffnungswinkel:

α	5°	7,5°	10°	15°	20°
k	0,13	0,14	0,16	0,27	0,43

3. Krümmer. Dieses Element sei hier kurz dargestellt, da wir es früher nicht behandelt haben. Verabredungsgemäß wird nur der Zusatzdruckverlust gegenüber dem geraden Rohr gleicher Länge angegeben. Die Größenordnung ist aus Bild 3.119 zu

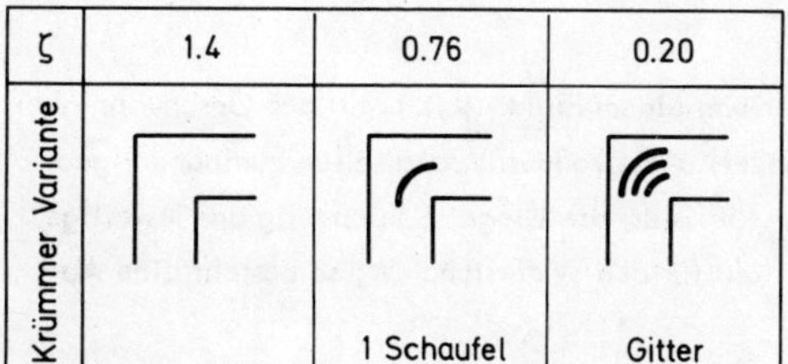

Bild 3.119 Widerstandsbeiwerte von Krümmern

entnehmen ($Re = 10^5$). Danach reduziert bereits eine unprofilierte Schaufel den Druckverlustkoeffizienten von 1,4 auf 0,76. Ein Kreisbogengitter führt zu 0,20. Profilierung der Schaufeln reduziert den ζ-Wert erneut bis auf etwa 0,10.

Benutzt man ζ_{Kr} in (3.202), so kann man eine dem Krümmerverlust äquivalente Rohrlänge definieren:

$$\frac{\ell}{D} = \frac{\zeta_{Kr}}{\lambda} \; . \qquad (3.204)$$

Einem Krümmer mit $\zeta_{Kr} = 0,20$ entspricht damit z.B. ein gerades Rohrstück ($Re = 10^5$, $\lambda = 0,02$) von

$$\frac{\ell}{D} = 10.$$

Der additive Druckverlust des geraden Rohres gleicher Länge eines Krümmers ist ($Re = 10^5$, $\lambda = 0,02$, $\ell/D_h \approx 3$)

$$\zeta = 0,06.$$

Dies entspricht dem halben Wert eines sehr guten Krümmers.

3.3.14 Ähnlichkeitsbetrachtungen

Anhand von Beispielen haben wir oben eine ganze Reihe von Aussagen über Widerstand und Druckverlust gemacht. Nach diesen Vorbereitungen kommen wir nun zu einer allgemeinen Diskussion dieser Größen, insbesondere was ihre Abhängigkeit von den früher eingeführten Kennzahlen angeht (Kapitel 3.3.3). Dies führt zwangsläufig zu Ähnlichkeitsüberlegungen und Modellgesetzen, die für die Anwendungen sehr wichtig sind. Erneut tritt die schon in der Einleitung besprochene Alternative von Umströmungs- und Durchströmungsproblemen auf. Wir besprechen diese Fragestellungen der Reihe nach.

1. Umströmungsaufgaben

Wir untersuchen einen Körper, der von einem Fluid (μ, ρ) mit der Geschwindigkeit c umströmt wird (Bild 3.120). Modell und Großausführung sollen zueinander geometrisch ähnlich sein. Damit charakterisiert die Länge ℓ eindeutig das jeweilige Körperexemplar. Interessieren wir uns für den Widerstand W, so besteht eine Abhängigkeit der Form

Bild 3.120 Umströmung eines Körpers

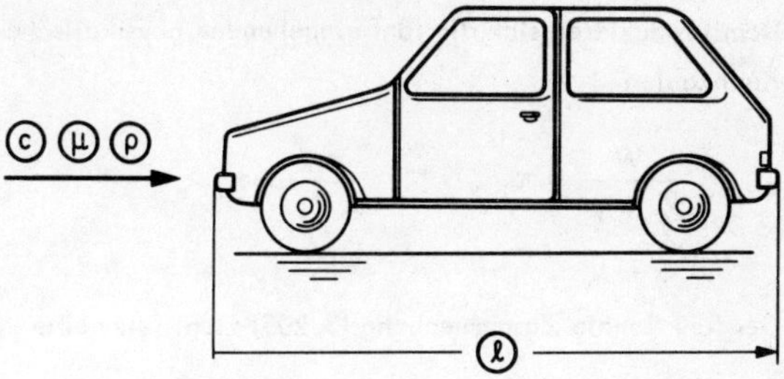

$$W = f(c, \ell, \rho, \mu) \, . \tag{3.205}$$

Hierin treten also vier unabhängige Variable (c, ℓ, ρ, μ) auf, und es bedarf dementsprechend vieler Messungen, um die Funktion f zu bestimmen. Diese charakterisiert die jeweilige Körperklasse. Geht man zu einer anderen Form des Körpers über, so tritt an die Stelle von f eine andere Funktion. Der Übergang zu dimensionslosen Größen führt zu einer erheblichen Reduktion der Zahl der Variablen und damit natürlich auch der erforderlichen Messungen. Wir führen dies exemplarisch am obigen Beispiel vor.

In der Mechanik treten drei Basisgrößen (Masse, Länge, Zeit oder Kraft, Länge, Zeit) auf. Demgemäß wählen wir aus dem Satz der oben eingehenden physikalischen Größen (W, c, ℓ, ρ, μ) drei aus, z.B. (c, ℓ, ρ), und stellen die übrigen zwei dimensionsmäßig durch Potenzprodukte dieser drei dar. Die Dimension einer Größe a bezeichnen wir hier mit $[a]$:

$$[W] = [c]^a \cdot [\ell]^b \cdot [\rho]^c \, , \tag{3.205a}$$

$$[\mu] = [c]^A \cdot [\ell]^B \cdot [\rho]^C \, . \tag{3.205b}$$

Gehen wir hierin zu Kraft (F), Länge (L), Zeit (T) über, so wird

$$F = L^a T^{-a} L^b F^c L^{-4c} T^{2c} \, , \tag{3.206a}$$

$$F L^{-2} T = L^A T^{-A} L^B F^C L^{-4C} T^{2C} \, . \tag{3.206b}$$

Ein Exponentenvergleich bei den Basisgrößen führt zu

$a = 2, \; b = 2, \; c = 1,$

$A = 1, \; B = 1, \; C = 1.$

Damit reduzieren sich die fünf eingehenden physikalischen Größen auf die zwei Kennzahlen

$$\frac{W}{\frac{\rho}{2} c^2 \ell^2} = \pi_1 \,, \qquad \frac{c\,\ell}{\nu} = \pi_2 \,. \tag{3.207}$$

Der funktionale Zusammenhang (3.205) zieht jetzt eine Abhängigkeit der Form

$$\frac{W}{\frac{\rho}{2} c^2 \ell^2} = h\left(\frac{c\,\ell}{\nu}\right) = h\,(Re_\ell) \tag{3.208}$$

nach sich. Damit ist die Zahl der erforderlichen Messungen außerordentlich reduziert. Der Widerstandsbeiwert hängt nur noch von der Reynolds-Zahl ab. In dieser komprimierten Form lassen sich alle früheren Widerstandsdarstellungen zusammenfassen. (3.208) gilt für Modell und Großausführung in gleicher Weise. Die Umrechnung vom einen zum anderen Fall kann sofort vorgenommen werden.

2. Durchströmungsaufgaben

Wir beginnen mit dem horizontalen geraden Kreisrohr (Bild 3.121). Ein Fluid (ν, ρ) durchströmt ein Rohrstück (ℓ, D, k_s) mit der mittleren Geschwindigkeit $\bar{c}_m$. Dabei ergibt sich der Druckabfall $\Delta\bar{p} = \bar{p}_1 - \bar{p}_2$. Es besteht eine Abhängigkeit der Form

$$\Delta\bar{p} = \bar{p}_1 - \bar{p}_2 = f\,(\ell, D, k_s\,;\ \rho, \nu, \bar{c}_m)\,. \tag{3.209}$$

Wir gehen auch hier zu den Dimensionen über und stellen beispielsweise $\Delta\bar{p}$, D, k_s, ν durch ℓ, ρ, $\bar{c}_m$ dar. Mit einer ähnlichen Rechnung wie oben kommen diesmal vier Kenngrößen

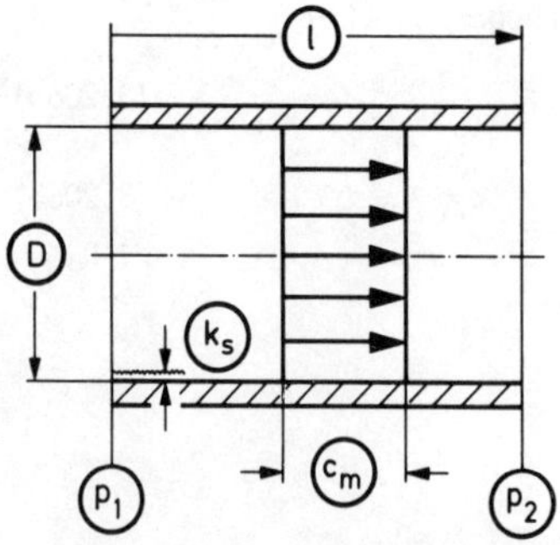

Bild 3.121 Durchströmung eines horizontalen, geraden Kreisrohres

$$\frac{\Delta \bar{p}}{\frac{\rho}{2}\bar{c}_m^{\,2}} = \pi_1 , \quad \frac{\bar{c}_m D}{\nu} = \pi_2 , \quad \frac{\ell}{D} = \pi_3 , \quad \frac{k_s}{D} = \pi_4 . \tag{3.210}$$

Die Abhängigkeit (3.209) führt zu dem funktionalen Zusammenhang

$$\frac{\Delta \bar{p}}{\frac{\rho}{2}\bar{c}_m^{\,2}} = F\left(\frac{\ell}{D} , \frac{\bar{c}_m D}{\nu} , \frac{k_s}{D}\right) . \tag{3.211}$$

Diese Beziehung gilt allgemein, d.h. auch in der Einlaufstrecke. Liegt speziell eine ausgebildete Strömung vor, so ist kein Rohrabschnitt gegenüber einem anderen ausgezeichnet. In diesem Fall muß F eine lineare Funktion von ℓ/D sein. Damit wird aus (3.211)

$$\frac{\Delta \bar{p}}{\frac{\rho}{2}\bar{c}_m^{\,2}} = \frac{\ell}{D} \cdot \lambda \left(Re_D , \frac{k_s}{D}\right) , \tag{3.212}$$

womit die früheren Darstellungen für laminare und turbulente Strömungen erfaßt werden. Vergleicht man (3.209) mit (3.212), so erkennt man sofort den erzielten Fortschritt. Die Zahl der erforderlichen Messungen ist außerordentlich reduziert. Das Nikuradse-Diagramm liefert die Funktion λ, und als unabhängige Variablen gehen hier allein die Reynolds-Zahlen und der Rauhigkeitsparameter ein. Auch in diesem Fall gilt (3.212) für Modell und Großausführung in gleicher Weise. Geometrisch ähnliche Strömungen werden durch gleiche Werte von ℓ/D und k_s/D beschrieben. Betrachtet man eine Düse oder einen Diffusor, so tritt als zusätzlicher Parameter z.B. das Durchmesserverhältnis

$$\frac{D_1}{D_2} = \pi_5 \tag{3.213}$$

auf. An dieser Stelle kann natürlich auch das Flächenverhältnis A_1/A_2 bzw. ein charakteristischer Winkel α benutzt werden. Berücksichtigt man dies in (3.211), so gilt allgemein

$$\frac{\Delta \bar{p}}{\frac{\rho}{2}\bar{c}_m^{\,2}} = G\left(\frac{\ell}{D_1} , \frac{D_1}{D_2} , \frac{\bar{c}_m D}{\nu} , \frac{k_s}{D_1}\right) . \tag{3.214}$$

Durch Spezialisierung kommt z.B. die Formel für den Carnot-Diffusor (3.203). Der Leser diskutiere ausführlich die hierzu erforderlichen Voraussetzungen und vergleiche insbesondere die frühere Herleitung mit dem Impulssatz.

TABELLE

DIMENSIONEN und EINHEITEN der wichtigsten auftretenden Größen:

GRÖSSE, Bezeichnung	DIMENSIONEN F, L, T, ϑ	DIMENSIONEN M, L, T, ϑ	EINHEITEN
Länge	L	L	Meter, m
Kraft	F	$M L T^{-2}$	Newton, N
Masse	$F L^{-1} T^{2}$	M	Kilogramm, kg
Zeit	T	T	Sekunde, s
Temperatur	ϑ	ϑ	Kelvin, K
Geschwindigkeit	$L T^{-1}$	$L T^{-1}$	m/s
Beschleunigung	$L T^{-2}$	$L T^{-2}$	m/s^2
Druck, Spannung	$F L^{-2}$	$M L^{-1} T^{-2}$	Pascal, Pa = N/
Moment, Arbeit, Energie	$F L$	$M L^{2} T^{-2}$	Joule, J = Ws =
Leistung, Energiestrom	$F L T^{-1}$	$M L^{2} T^{-3}$	Watt, W = Nm/
Dichte ρ	$F L^{-4} T^{2}$	$M L^{-3}$	kg/m^3
Massenstrom $\dot{m}$	$F L^{-1} T$	$M T^{-1}$	kg/s
dyn. Zähigkeit μ	$F L^{-2} T$	$M L^{-1} T^{-1}$	$Pas = Ns/m^2$
kin. Zähigkeit ν	$L^{2} T^{-1}$	$L^{2} T^{-1}$	m^2/s
Ausdehnungskoeffizient α	ϑ^{-1}	ϑ^{-1}	1/K
spez. Wärme c_p, c_v	$L^{2} T^{-2} \vartheta^{-1}$	$L^{2} T^{-2} \vartheta^{-1}$	J/kg K
Wärmeleitfähigkeit λ	$F T^{-1} \vartheta^{-1}$	$M L T^{-3} \vartheta^{-1}$	W/m K
Oberflächenspannung σ	$F L^{-1}$	$M T^{-2}$	N/m
Temperaturleitfähigkeit $K = \lambda / \rho c_p$	$L^{2} T^{-1}$	$L^{2} T^{-1}$	m^2/s
Wärmeübergangszahl α	$F L^{-1} T^{-1} \vartheta^{-1}$	$M T^{-3} \vartheta^{-1}$	$W/m^2 K$
spezielle Gaskonstante $\mathbb{R}$	$L^{2} T^{-2} \vartheta^{-1}$	$L^{2} T^{-2} \vartheta^{-1}$	J/kg K

Ausgewählte Literatur

A) Allgemeine Strömungslehre

Albring, W.: Angewandte Strömungslehre. Dresden 1970 (4. Aufl.)

Becker, E.: Technische Strömungslehre. Stuttgart 1982 (5. Aufl.)

Eck, B.: Technische Strömungslehre. Berlin/Heidelberg/New York 1966 (7. Aufl.)

Eppler, R.: Strömungsmechanik. Wiesbaden 1975

Gersten, K.: Einführung in die Strömungsmechanik. Düsseldorf 1974

Karman, Th. von: Aerodynamik. Genf 1956

Kotschin, N.J., Kibel, J.A. und Rose, N.W.: Theoretische Hydromechanik. 2 Bde. Berlin 1954

Leiter, E.: Strömungsmechanik nach Vorlesungen von K. Oswatitsch. Braunschweig 1978

Oswatitsch, K.: Physikalische Grundlagen der Strömungslehre. Handbuch der Physik. Bd. VIII/1. Berlin/Heidelberg/New York 1959

Prandtl, L.: Führer durch die Strömungslehre. Neubearbeitung von Oswatitsch und Wieghardt. Braunschweig 1990 (9. Aufl.)

Schade, H. und Kunz, E.: Strömungslehre. Berlin/New York 1989 (2. Aufl.)

Truckenbrodt, E.: Fluidmechanik I, II. Berlin/Heidelberg/New York 1980

Wieghardt, K.: Theoretische Strömungslehre. Stuttgart 1965

Zierep, J. und Bühler, K.: Strömungsmechanik E 120-188. Hütte. Berlin/Heidelberg/New York 1989 (29. Aufl.)

Zierep, J. und Bühler, K.: Strömungsmechanik. Berlin/Heidelberg/New York 1991

B) Teilgebiete der Strömungslehre

Becker, E.: Gasdynamik. Stuttgart 1965

Keune, F. und Burg, K.: Singularitätenverfahren der Strömungslehre. Karlsruhe 1975

Oswatitsch, K.: Grundlagen der Gasdynamik. Wien 1976

Schlichting, H.: Grenzschichttheorie. Karlsruhe 1982 (8. Aufl.)

Schlichting, H. und Truckenbrodt, E.: Aerodynamik des Flugzeuges. Berlin/Heidelberg/New York 1967. 2 Bde (2. Aufl.)

Schneider, W.: Mathematische Methoden der Strömungsmechanik. Braunschweig 1978

Walz, A.: Strömungs- und Temperaturgranzschichten. Karlsruhe 1966

Zierep, J.: Ähnlichkeitsgesetze und Modellregeln der Strömungslehre. Karlsruhe 1991 (3. Aufl.)

Zierep, J.: Strömungen mit Energiezufuhr. Karlsruhe 1991 (2. Aufl.)

Zierep, J.: Theoretische Gasdynamik. Karlsruhe 1991 (4. Aufl.)

Namen- und Sachverzeichnis